AF473254

COURS DE LA FACULTÉ DES SCIENCES DE PARIS
PUBLIÉS PAR L'ASSOCIATION AMICALE DES ÉLÈVES ET ANCIENS ÉLÈVES
DE LA FACULTÉ DES SCIENCES

COURS DE PHYSIQUE MATHÉMATIQUE

CAPILLARITÉ

Leçons professées pendant le deuxième semestre 1888-1889

PAR

H. POINCARÉ, MEMBRE DE L'INSTITUT

RÉDIGÉES PAR

J. BLONDIN, agrégé de l'Université

PARIS
GEORGES CARRÉ, ÉDITEUR
3, RUE RACINE, 3

1895

CAPILLARITÉ

TOURS. — IMPRIMERIE DESLIS FRÈRES

COURS DE LA FACULTÉ DES SCIENCES DE PARIS
PUBLIÉS PAR L'ASSOCIATION AMICALE DES ÉLÈVES ET ANCIENS ÉLÈVES
DE LA FACULTÉ DES SCIENCES

COURS DE PHYSIQUE MATHÉMATIQUE

CAPILLARITÉ

Leçons professées pendant le deuxième semestre 1888-1889

PAR

H. POINCARÉ, MEMBRE DE L'INSTITUT

RÉDIGÉES PAR

J. BLONDIN, agrégé de l'Université

PARIS
GEORGES CARRÉ, ÉDITEUR
3, RUE RACINE, 3

1895

CAPILLARITÉ

CHAPITRE PREMIER

THÉORIE DE LAPLACE

1. Bases de cette théorie. — Laplace admet que deux molécules d'un liquide exercent entre elles une attraction dirigée suivant la droite qui les joint, proportionnelle à leurs masses et dépendant, suivant une loi inconnue, de la distance qui les sépare.

Cette attraction a donc pour expression

$$mm' f(r),$$

m et m' étant les masses des molécules, r leur distance, et $f(r)$ une fonction inconnue de cette distance.

Mais ces hypothèses ne sont pas suffisantes. Clairaut, en effet, les avait énoncées une cinquantaine d'années avant Laplace et n'avait pu en déduire l'explication des phénomènes capillaires. Aussi Laplace admet-il, en outre, que la force attractive décroît rapidement quand la distance des molécules augmente, et qu'elle devient insensible dès que cette distance dépasse une valeur très petite que l'on appelle *rayon d'activité moléculaire*. En d'autres termes, Laplace suppose que la fonction

$$\varphi(r) = \int_r^\infty f(r)\, dr$$

est sensiblement nulle quand r est plus grand que le rayon d'activité moléculaire.

Par suite des premières hypothèses, les forces moléculaires admettent un potentiel

$$V = \sum m\, \varphi(r),$$

dont les dérivées partielles $\frac{\partial V}{\partial x}, \frac{\partial V}{\partial y}, \frac{\partial V}{\partial z}$ représentent les composantes suivant trois axes de la force attractive s'exerçant sur une masse 1 située au point x, y, z et due à l'action des molécules de masse m.

Si l'ensemble de ces molécules forme un volume, l'expression du potentiel devient

$$V = \iiint \rho\, d\tau\, \varphi(r),$$

$d\tau$ désignant un élément de volume, ρ la densité de cet élément et l'intégration étant étendue au volume considéré.

Une nouvelle hypothèse de Laplace permet de simplifier cette expression. Laplace admet, en effet, que la densité est constante. Cette hypothèse n'est pas légitime, car il est probable que la densité en un point situé à une distance de la surface du liquide moindre que le rayon d'activité moléculaire, n'a pas la même valeur qu'en un autre point dont la distance à la surface est plus grande que ce rayon. Quoi qu'il en soit de son exactitude, elle conduit à l'expression

$$V = \rho \iiint \varphi(r)\, d\tau\,;$$

et, si nous prenons pour unité la densité du liquide considéré, nous avons

$$V = \iiint \varphi(r)\, d\tau.$$

2. Potentiel d'une couche sphérique infiniment mince. — Soient ρ et $\rho + d\rho$ les rayons des deux sphères qui limitent la couche, et soit a la distance du centre commun O (*fig.* 1) de ces sphères au point P, pour lequel nous

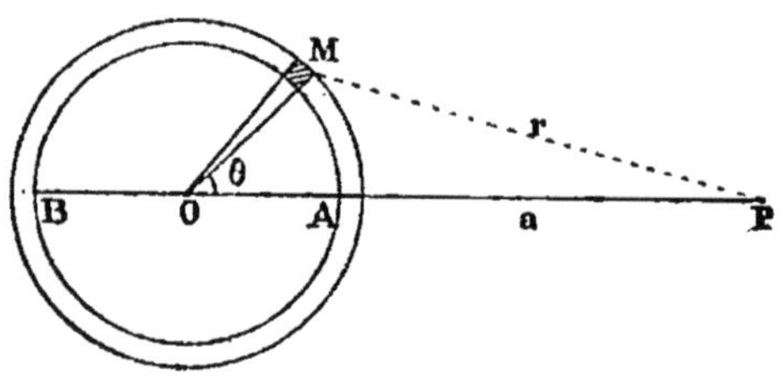

Fig. 1.

voulons la valeur du potentiel. Prenons pour plan de la figure un plan quelconque contenant PO et menons dans ce plan deux rayons faisant avec OP des angles θ et $\theta + d\theta$. L'élément M ainsi déterminé a pour surface $\rho\, d\theta\, d\rho$, et le volume qu'il engendre en tournant autour de PO a pour valeur

$$2\pi\rho \sin\theta\, \rho\, d\theta\, d\rho.$$

Tous les éléments de ce volume étant à la même distance r

du point P, le potentiel en ce point dû à ce volume est

$$dV = 2\pi\rho^2 \sin\theta \, d\rho \, d\theta \, \varphi(r).$$

Par conséquent, le potentiel de la couche sphérique a pour valeur

$$V = 2\pi\rho^2 \, d\rho \int_0^\pi \varphi(r) \sin\theta \, d\theta.$$

Mais le triangle POM fournit la relation

$$r^2 = \rho^2 + a^2 - 2a\rho \cos\theta,$$

d'où

$$r dr = a\rho \sin\theta \, d\theta.$$

Nous pouvons donc écrire

$$V = 2\pi \frac{\rho}{a} \, d\rho \int_{r_0}^{r_1} r \, \varphi(r) \, dr,$$

r_0 désignant la distance PA, r_1 la distance PB.

Posons

$$\int_r^{+\infty} r \, \varphi(r) \, dr = \psi(r);$$

la fonction ψ ainsi définie aura une valeur sensiblement nulle pour toute valeur de r supérieure au rayon d'activité moléculaire, puisque, pour ces valeurs, la fonction $\varphi(r)$ est presque nulle par hypothèse.

Introduisons cette fonction ψ dans l'expression de V. Nous avons

$$\int_{r_0}^{r_1} r \, \varphi(r) \, dr = \int_{r_0}^{\infty} r \, \varphi(r) \, dr + \int_{\infty}^{r_1} r \, \varphi(r) \, dr = \psi(r_0) - \psi(r_1).$$

Mais, si ρ est fini, la distance r_1 est nécessairement plus grande que le rayon d'activité moléculaire. Par conséquent, $\psi(r_1)$ est négligeable, et nous avons simplement

$$V = 2\pi \frac{\rho}{a} d\rho\, \psi(r_0), \tag{1}$$

cette quantité devenant elle-même négligeable quand r_0 devient fini.

La figure a été tracée dans l'hypothèse que le point P est extérieur à la couche sphérique. Mais le raisonnement s'applique également au cas où le point P est intérieur. La seule différence est que r_0, dont la valeur est $a - \rho$ dans le premier cas, devient $\rho - a$ dans le second.

3. Potentiel d'une sphère pleine. — Considérons d'abord le cas où le point P est extérieur à la sphère.

Si le point est à distance finie de la surface, les forces attractives exercées sur la masse placée en ce point par toutes les molécules de la sphère sont négligeables; par conséquent, le potentiel est sensiblement nul.

Supposons le point P à une distance très petite ε de la surface. Décomposons la sphère en couches sphériques concentriques d'épaisseur $d\rho$; chacune d'elles a pour potentiel en P

$$dV = 2\pi \frac{\rho}{a} d\rho\, \psi(a - \rho).$$

Par conséquent, le potentiel de la sphère entière est

$$V = \int_0^R 2\pi \frac{\rho}{a} d\rho\, \psi(a - \rho),$$

R étant le rayon de la sphère.

Si nous posons

$$a - \rho = z,$$

ce potentiel devient

$$V = \int_a^\varepsilon 2\pi \frac{z - a}{a} \psi(z)\, dz = \int_\varepsilon^a 2\pi \psi(z)\, dz - \frac{1}{a}\int_\varepsilon^a 2\pi z \psi(z)\, dz.$$

Mais a étant fini et la fonction $\psi(z)$ sensiblement nulle pour toute valeur finie de la variable, on a approximativement

$$\int_a^\infty 2\pi \psi(z)\, dz = 0, \int_a^\infty 2\pi z \psi(z)\, dz = 0,$$

et par suite

$$\int_\varepsilon^a 2\pi\psi(z)dz = \int_\varepsilon^\infty 2\pi\psi(z)dz + \int_\infty^a 2\pi\psi(z)dz = \int_\varepsilon^\infty 2\pi\psi(z)dz = \theta(\varepsilon),$$

$$\int_\varepsilon^a 2\pi z\psi(z)dz = \int_\varepsilon^\infty 2\pi z\psi(z)dz + \int_\infty^a 2\pi z\psi(z)dz = \int_\varepsilon^\infty 2\pi z\psi(z)dz = \theta_1(\varepsilon).$$

Nous avons donc pour le potentiel en P

$$V = \theta(\varepsilon) - \frac{1}{a}\theta_1(\varepsilon).$$

Nous ignorons la forme de ces fonctions θ et θ_1, puisque φ et ψ sont inconnues. Nous voyons, toutefois, que θ et θ_1 sont sensiblement nulles pour toute valeur finie de ε, puisque ψ jouit de cette propriété. Nous pouvons ajouter que θ_1 est beaucoup plus petit que θ, car pour les petites valeurs de z, les seules qui soient à considérer d'après ce qui précède, l'élément différentiel $2\pi z \psi(z)\, dz$ est plus petit que $2\pi \psi(z)\, dz$.

Cette dernière propriété permet de modifier l'expression

de V. En effet, quand ϵ est très petit, a est très peu différent de R. Puisque θ_1 est alors très petit par rapport à θ nous ne changerons pas sensiblement la valeur de V en remplaçant le coefficient $\frac{1}{a}$ de θ_1 par le facteur $\frac{1}{R}$. Il vient donc

$$V = \theta(\epsilon) - \frac{1}{R}\theta_1(\epsilon). \qquad (2)$$

4. Passons au cas où le point P est intérieur à la sphère.

Lorsque la distance du point à la surface de la sphère est finie, l'action qu'exerce sur P une molécule extérieure à la sphère est négligeable, puisque la distance de cette molécule au point P est alors supérieure au rayon d'activité moléculaire. Nous pouvons donc, sans rien changer à la valeur du potentiel en P, remplacer la sphère par une autre sphère de même matière, ayant un rayon infini et son centre en P. Décomposons cette sphère en couches sphériques concentriques de rayon r et d'épaisseur dr. Le potentiel en P d'une de ces couches est

$$dV = 4\pi r^2 dr \varphi(r).$$

Par suite, le potentiel de la sphère entière est

$$V = \int_0^\infty 4\pi r^2 dr \varphi(r).$$

Cette intégrale est une constante A. Le potentiel d'une sphère pleine en un point intérieur, situé à une distance finie de sa surface, est donc une constante.

Supposons maintenant le point à une distance excessivement petite ϵ de la surface. En décomposant la sphère en couches concentriques infiniment minces, le point P est extérieur aux unes et intérieur aux autres. Le potentiel de chacune d'elles est représenté par la formule (1), où r_0 doit être remplacé par $a - \rho$ ou $\rho - a$, suivant que P est extérieur ou intérieur à la couche considérée. Le potentiel de la sphère entière est donc

$$V = \int_0^{R-\varepsilon} 2\pi \frac{\rho}{a} d\rho\, \psi(a-\rho) + \int_{R-\varepsilon}^{R} 2\pi \frac{\rho}{a} d\rho\, \psi(\rho - a).$$

Considérons la première intégrale. En posant $z = a - \rho$, elle devient

$$\int_a^0 2\pi \frac{z-a}{a} \psi(z)\, dz = \int_0^a 2\pi \psi(z)\, dz - \frac{1}{a}\int_0^a 2\pi z \psi(z)\, dz.$$

Puisque a est fini et que la fonction ψ est sensiblement nulle pour toute valeur finie de la variable, on peut remplacer les limites supérieures a des intégrales du second membre par l'infini ; par suite, ces intégrales sont des constantes et il en est de même de la première intégrale de l'expression de V.

La seconde intégrale de cette expression devient, en posant $\rho - a = z$

$$\int_0^{\varepsilon} 2\pi \frac{z+a}{a} \psi(z)\, dz = \int_0^{\varepsilon} 2\pi\psi(z)\, dz + \frac{1}{a}\int_0^{\varepsilon} 2\pi z \psi(z)\, dz.$$

Les deux intégrales du second membre sont celles que nous avons eu à considérer dans le cas où P est extérieur à la sphère. Par conséquent, toutes deux sont des fonctions de ε. Si nous faisons entrer dans l'une de ces fonctions la constante qui représente la valeur de la première intégrale de V, nous pouvons donc écrire pour l'expression de ce potentiel

$$V = \theta(\varepsilon) - \frac{1}{a}\theta_1(\varepsilon).$$

Il est évident que ces fonctions ne sont pas identiques à celles qui entrent dans l'expression (2). Si nous comparons l'expression précédente de V avec la valeur $V = A$ du potentiel pour un point intérieur à distance finie de la surface, nous voyons que $\theta(\varepsilon)$ doit tendre vers A et $\theta_1(\varepsilon)$ vers zéro quand ε devient fini.

Cette dernière propriété de la fonction $\theta_1(\varepsilon)$ permet de remplacer $\frac{1}{a}$ par le facteur $\frac{1}{R}$, qui en diffère peu quand ε est petit. On retombe donc sur l'expression du potentiel obtenue pour un point extérieur, mais θ et θ_1 ne désignent pas les mêmes fonctions dans les deux cas.

En résumé :

1° Si le point est extérieur et à une distance finie,

$$V = 0$$

2° Si le point est à une distance très petite de la surface,

$$V = \theta(\varepsilon) - \frac{1}{R}\theta_1(\varepsilon),$$

les fonctions θ et θ_1 n'étant pas les mêmes quand le point est intérieur et quand il est extérieur;

3° Si le point est intérieur et à une distance finie,

$$V = A$$

5. Potentiel d'un volume de révolution. — Montrons d'abord que le potentiel en un point P, situé sur l'axe à une distance très petite de la surface limitant le volume, augmente ou diminue en même temps que le rayon de courbure du sommet voisin.

Soit ABC (*fig.* 2) la section méridienne du volume considéré. Déformons cette courbe de manière à ce que le rayon de courbure en A augmente, et soit ADBE la nouvelle forme.

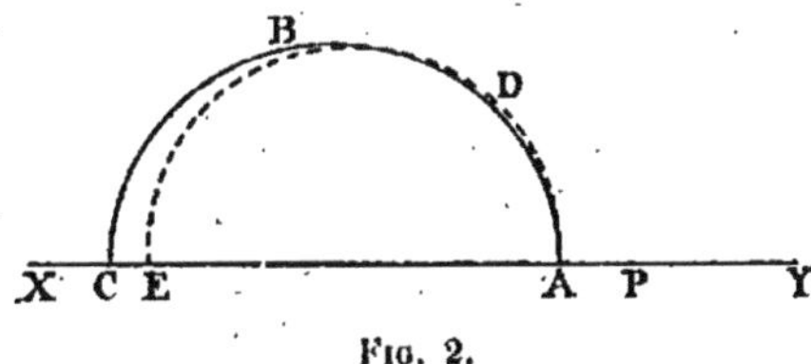

Fig. 2.

Le potentiel du volume engendré par la surface ADBE est égal au potentiel du volume engendré par ABC augmenté de celui du volume engendré par ABD et diminué de celui du volume engendré par BCE. Le point P étant supposé à une très petite distance de A, il est à une distance finie des molécules de ce dernier volume et, par suite, le potentiel correspondant est négligeable. Le potentiel du volume engendré par BDA est positif, si toutefois on suppose que la force entre deux molécules est attractive ; par conséquent le volume engendré par la surface ADBE donne en P un potentiel plus grand que le volume primitif.

Cela posé, traçons deux sphères tangentes en A au volume considéré et dont les rayons sont R′ et R″. Soient V′ et V″ les potentiels de ces sphères au point P, V celui du volume considéré au même point qui peut être à l'intérieur ou à l'extérieur de ce volume. Si le rayon de courbure en A de la surface engendrée par ABC est compris entre R′ et R″, on a, d'après ce qui précède

$$V' < V < V''$$

ou

$$\theta(\varepsilon) - \frac{1}{R'}\theta_1(\varepsilon) < V < \theta(\varepsilon) - \frac{1}{R''}\theta_1(\varepsilon),$$

En faisant tendre R′ et R″ vers le rayon de courbure R, on aura à la limite

$$V = \theta(\varepsilon) - \frac{1}{R}\theta_1(\varepsilon); \qquad (3)$$

Le potentiel ne dépend donc que de la distance du point à la surface du volume considéré et du rayon de courbure au sommet.

Nous avons admis que les forces s'exerçant entre deux molécules sont toujours attractives. A la vérité, cette restriction ne s'impose pas, et l'on arrive à la même expression du potentiel en supposant que ces forces peuvent être attractives ou répulsives suivant les cas. En effet, si la force est répulsive, φ doit être changé de signe ; par suite, l'expression la plus générale de φ est

$$\varphi(r) = \varphi_1(r) - \varphi_2(r),$$

$\varphi_1(r)$ et $\varphi_2(r)$ étant deux fonctions toujours positives. Le potentiel en un point est alors

$$V = \iiint \varphi(r)\,d\tau = \iiint \varphi_1(r)\,d\tau - \iiint \varphi_2(r)\,d\tau.$$

Mais les raisonnements qui précèdent sont encore applicables aux intégrales du dernier membre, puisque φ_1 et φ_2 sont toujours positifs. Donc, chacune d'elles peut se mettre sous la forme $\theta(\epsilon) - \frac{1}{R}\theta_1(\epsilon)$. Il en sera encore de même de leur différence, c'est-à-dire de V.

Prenons un fuseau limité par deux plans passant par l'axe du volume de révolution et faisant entre eux un certain angle. Un autre fuseau de même angle aura le même potentiel en P, car, en faisant tourner ce dernier fuseau d'un angle convenable, on peut le faire coïncider avec le premier. Il résulte de là que le potentiel d'un fuseau est proportionnel à l'angle dièdre formé par les plans qui le limitent. Par conséquent, le potentiel d'un fuseau d'angle α a pour expression

$$V = \frac{\alpha}{2\pi}\left(\theta(\epsilon) - \frac{1}{R}\theta_1(\epsilon)\right). \qquad (4)$$

6. Potentiel d'un volume quelconque. – Cherchons le potentiel d'un volume limité par une surface quelconque Σ en un point P, intérieur ou extérieur, mais très voisin de cette surface.

Prenons pour axe des z la normale à la surface passant par P; pour axe des x et y, les axes de l'indicatrice du pied A de la normale. L'équation de la surface par rapport à ce système d'axes est

$$z = ax^2 + by^2 + \ldots$$

et le rayon de courbure en A, de l'intersection par un plan normal Π faisant un angle φ avec l'axe des x, est donné par la relation

$$\frac{1}{R} = 2(a\cos^2\varphi + b\sin^2\varphi).$$

Considérons le fuseau F d'angle $d\varphi$ limité par le plan Π et un plan infiniment voisin. Ce fuseau diffère infiniment peu du fuseau de même angle de la surface de révolution engendrée par la rotation de l'intersection de la surface Σ par le plan Π. Les potentiels de ces fuseaux peuvent donc être confondus. Par conséquent, d'après la formule (4), le potentiel de F est

$$dV = \frac{d\varphi}{2\pi}\left[\theta(\varepsilon) - \frac{1}{R}\theta_1(\varepsilon)\right].$$

Le potentiel du volume limité par la surface Σ est donc

$$V = \int_0^{2\pi} \frac{d\varphi}{2\pi}\left[\theta(\varepsilon) - \frac{1}{R}\theta_1(\varepsilon)\right],$$

ou en remplaçant $\frac{1}{R}$ par sa valeur

$$V = \frac{\theta(\varepsilon)}{2\pi}\int_0^{2\pi} d\varphi - \frac{a\theta_1(\varepsilon)}{\pi}\int_0^{2\pi}\cos^2\varphi\, d\varphi - \frac{b\theta_1(\varepsilon)}{\pi}\int_0^{2\pi}\sin^2\varphi\, d\varphi,$$

et en effectuant les intégrations

$$V = \theta(\varepsilon) - a\theta_1 - b\theta_1.$$

Mais, si dans l'expression de $\frac{1}{R}$ nous faisons $\varphi = 0$, puis $\varphi = \frac{\pi}{2}$, nous obtenons pour les courbures principales

$$\frac{1}{R_1} = 2a, \qquad \frac{1}{R_2} = 2b.$$

Par conséquent, nous pouvons écrire

$$V = \theta(\varepsilon) - \frac{\theta_1(\varepsilon)}{2}\left(\frac{1}{R_1} + \frac{1}{R_2}\right), \tag{5}$$

formule qui montre que le potentiel en un point ne dépend que de la distance de ce point à la surface et de la courbure moyenne au pôle.

7. Équations d'équilibre d'un fluide. — Pour trouver les lois de la capillarité, il ne reste plus qu'à appliquer les principes généraux de l'hydrostatique.

Rappelons que, si on appelle p la pression en un point x, y, z ; X, Y, Z les composantes des forces extérieures s'exerçant sur l'unité de masse placée en ce point, on obtient les équations fondamentales

$$\frac{dp}{dx} = X, \qquad \frac{dp}{dy} = Y, \qquad \frac{dp}{dz} = Z,$$

en écrivant qu'un élément de volume est en équilibre sous l'influence des forces qui agissent sur lui.

Dans le cas particulier qui nous occupe, les forces extérieures sont de deux sortes : les forces capillaires et les forces s'exerçant à distance sensible. Nous venons de voir que les premières admettent un potentiel V ; les secondes, en général, en admettent également un, que nous désignerons par W.

Les équations précédentes deviennent alors

$$\frac{dp}{dx} = \frac{dV}{dx} + \frac{dW}{dx},$$
$$\frac{dp}{dy} = \frac{dV}{dy} + \frac{dW}{dy},$$
$$\frac{dp}{dz} = \frac{dV}{dz} + \frac{dW}{dz}.$$

Nous en déduisons

$$p = V + W + \text{const.},$$

ou en remplaçant V par la valeur (5)

$$p = \theta(\varepsilon) - \frac{\theta_1(\varepsilon)}{2}\left(\frac{1}{R_1} + \frac{1}{R_2}\right) + W + \text{const.} \quad (6)$$

8. Équation de la surface libre d'un liquide. — Cette équation se déduit immédiatement de la précédente.

Pour un point de la surface on a $\varepsilon = o$; par suite, la pression p_0 en ce point est

$$p_0 = \theta(o) - \frac{\theta_1(o)}{2}\left(\frac{1}{R_1} + \frac{1}{R_2}\right) + W + \text{const.}$$

Mais $\theta(o)$ est une constante; p_0 a aussi la même valeur en tout point de la surface libre, donc on a simplement

$$\frac{\theta_1(o)}{2}\left(\frac{1}{R_1} + \frac{1}{R_2}\right) = W + \text{const.} \quad (7)$$

Lorsque les forces agissant à distance sensible se réduisent à la pesanteur, on a $Y = X = o$, $Z = g$, si l'on prend l'axe des z vertical et dirigé vers le bas et pour plan des xy un plan horizontal. Par suite, on a dans ce cas

$$W = gz$$

et l'équation de la surface libre est

$$\frac{\theta_1(o)}{2}\left(\frac{1}{R_1} + \frac{1}{R_2}\right) = gz + \text{const.} \quad (8)$$

9. Ascension et dépression capillaires. — Quand un tube capillaire est plongé verticalement dans l'eau, le liquide s'élève dans le tube au-dessus de son niveau dans le vase; quand il est plongé dans le mercure, la surface libre dans le tube est au-dessous de la surface libre dans le vase. L'équation précédente permet de trouver la forme du ménisque dans l'un et l'autre cas.

Prenons pour plan des xy le plan horizontal qui forme la surface libre du liquide hors du tube. Pour un point de ce plan on a $R_1 = R_2 = \infty$ et $z = o$. Donc, la constante de l'équation (8) est égale à 0 et on a simplement

$$\frac{\theta_1(o)}{2}\left(\frac{1}{R_1}+\frac{1}{R_2}\right)=gz.$$

Si nous supposons le tube capillaire cylindrique, la surface libre dans le tube est de révolution et au sommet de cette surface on a $R_1 = R_2$; on a donc pour ce point

$$\frac{\theta_1(o)}{R_1}=gz.$$

Quand il y a ascension du liquide, le z du sommet est négatif; par suite, R_1 doit être négatif, puisque θ_1 est positif quand les forces sont attractives. Le centre de courbure est alors du côté des z négatifs, et le ménisque est concave.

Quand il y a dépression, le z du sommet est positif. Le rayon de courbure en ce sommet doit être positif, et le ménisque est alors convexe.

Nous voyons comment la théorie de Laplace permet de prévoir la forme du ménisque, quand on sait s'il y a ascension ou dépression, ou inversement de prévoir s'il y a ascension ou dépression, quand on connaît la forme du ménisque. Toutefois, le problème n'est qu'à moitié résolu, car nous ignorons encore pourquoi certains liquides s'élèvent dans un tube capillaire, tandis que pour d'autres il y a dépression. A deux reprises, Laplace a tenté d'en donner une explication ; dans un premier Mémoire [1], il parvient à une explication plausible, mais en s'appuyant sur une hypothèse ; dans un autre Mémoire [2], les conclusions auxquelles il arrive ne sont rigoureuses que dans le cas où le tube est cylindrique, et encore la méthode est-elle très compliquée. Résumons néanmoins ces deux Mémoires.

10. Angle de raccordement. Sa variation. — Considérons la surface libre d'un liquide dans le voisinage d'une paroi. Par un des points de la courbe de contact de la surface et de la paroi menons un plan normal à la courbe; il coupe la surface et la paroi suivant deux lignes dont les tangentes au point de rencontre font entre elles un certain angle φ. C'est *l'angle de raccordement* au point considéré.

Dans son premier mémoire, Laplace admet sans démonstration que cet angle est constant, qu'il a la même valeur en tout point de la courbe de contact de la paroi et de la surface du liquide. Pour expliquer la variation de cet angle avec la nature du liquide et celle de la paroi, Laplace suppose que les molécules solides exercent une attraction sur les molécules liquides et que cette attraction ne diffère de celle qui s'exerce entre deux molécules liquides que par un facteur constant.

Appliquons cette hypothèse à la recherche de la condition d'équilibre d'une molécule liquide P (*fig.* 3), située sur la courbe de contact d'une paroi verticale AB et de la surface libre PQ.

(1) *Œuvres complètes de Laplace*, t. IV. Supplément au livre X du *Traité de mécanique céleste*, p. 394.

(2) *Œuvres complètes de Laplace*, 2e supplément au livre X, p. 419.

Pour que cette molécule soit en équilibre, il faut que la résultante des forces qui agissent sur elle soit normale à la surface libre, car, dans le cas contraire, la molécule glisserait sous l'action de la composante tangentielle.

Or, ces forces sont : 1° l'attraction F due aux molécules de la paroi, attraction qui, par raison de symétrie, est perpendiculaire à AB et dirigée vers l'intérieur de la paroi; 2° l'attraction F′ due aux molécules liquides situées dans le dièdre BPC, attraction qui est évidemment dirigée suivant la bissectrice de l'angle BPC; 3° l'attraction F'_1 des molécules comprises entre le plan PC et la surface libre, attraction qui doit être ajoutée à F′ si l'angle de raccordement est aigu et retranchée si l'angle est obtus; 4° la pesanteur dont la valeur est g, puisque la masse de la molécule attirée est prise pour unité.

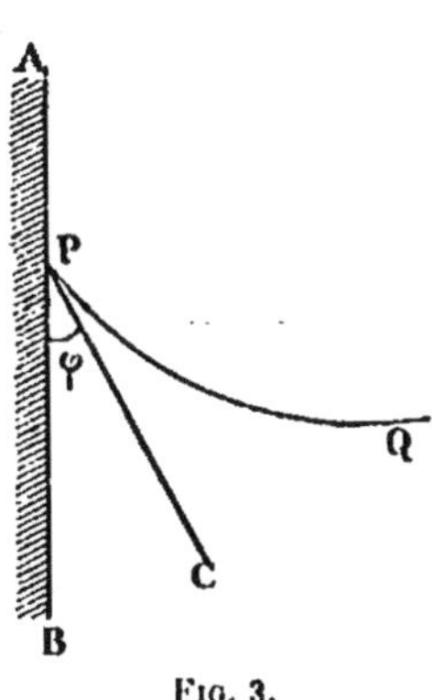

Fig. 3.

En exprimant que la somme des projections de ces forces sur la tangente PC est nulle, on obtient la relation

$$-F\sin\varphi + F'\cos\frac{\varphi}{2} + Q + g\cos\varphi = 0,$$

Q désignant la projection de la force F'_1, projection qui doit être prise avec le signe + dans le cas de la figure et avec le signe − quand l'angle φ est obtus.

Calculons F′ et F. Pour cela, décomposons le dièdre BPC en dièdres d'angles infiniment petits $d\psi$, ψ étant l'angle de l'une des faces de ce petit dièdre avec le plan bissecteur du dièdre BPC. Les attractions qu'exercent deux dièdres de même angle sur la molécule P sont égales, car, en faisant tourner l'un d'eux d'un angle convenable autour de son arête, on obtient l'autre. Par suite, l'attraction de chacun des dièdres élémentaires est proportionnelle à $d\psi$; désignons-la, avec Laplace, par $\rho' d\psi$. La projection de cette attraction sur la bissectrice de BPC est $\rho' d\psi \cos\psi$, et on a l'attraction du dièdre BPC en intégrant entre les limites de ψ, c'est-à-dire

$$-\frac{\varphi}{2} \quad \text{et} \quad +\frac{\varphi}{2};$$

donc

$$F' = \rho' \int_{-\frac{\varphi}{2}}^{+\frac{\varphi}{2}} \cos\psi \, d\psi = 2\rho' \sin\frac{\varphi}{2}.$$

Pour avoir F il suffit de faire $\varphi = 2\pi$ dans cette expression et d'y remplacer ρ' par la valeur ρ de cette quantité relative à l'action du solide sur le liquide. Par conséquent

$$F = 2\rho.$$

Si nous remplaçons F' et F par ces valeurs dans la relation d'équilibre, il vient

$$-2\rho \sin\varphi + 2\rho' \sin\frac{\varphi}{2}\cos\frac{\varphi}{2} + Q + g\cos\varphi = 0,$$

ou

$$(\rho' - 2\rho)\sin\varphi + Q + g\cos\varphi = 0. \qquad (9)$$

Quand l'angle de raccordement est aigu, $\sin\varphi$, $\cos\varphi$ et Q sont positifs ; par conséquent, l'égalité précédente ne peut être satisfaite que si

$$\rho' - 2\rho < 0 \quad \text{ou} \quad 2\rho > \rho'.$$

Si l'angle de raccordement est obtus, Q doit être pris négativement, comme nous l'avons fait remarquer. Comme $\cos\varphi$ est alors négatif, tandis que $\sin\varphi$ est positif, la condition (9) conduit à

$$\rho' - 2\rho > 0 \quad \text{ou} \quad 2\rho < \rho'.$$

Enfin, si l'angle de raccordement est droit, on a

$$\sin\varphi = 1, \quad Q = 0, \quad \cos\varphi = 0$$

et par suite

$$\rho' = 2\rho.$$

La valeur de l'angle de raccordement et, par suite, la dépression et l'élévation des liquides dans les tubes capillaires dépendent donc des intensités ρ et ρ' des attractions exercées sur une molécule liquide par un dièdre du solide formant les parois et par un dièdre égal du liquide lui-même.

11. Laplace considère également deux cas particuliers : celui où $\rho = \rho'$ et celui où $\rho = 0$.

Supposer que ρ et ρ' sont égaux revient à admettre que le tube est formé du liquide même qu'il contient, les molécules étant soumises à des forces de cohésion ne modifiant pas les forces capillaires. Montrons que, dans ces conditions, l'angle de raccordement est nul et que dans un tube cylindrique la surface de séparation est une demi-sphère, si toutefois on néglige la pesanteur du liquide.

Imaginons que le liquide non pesant remplit tout l'espace extérieur à une sphère de centre O (*fig.* 4). Le liquide est alors en équilibre, car, par raison de symétrie, les forces attractives s'exerçant sur une molécule passent par le centre O et sont, par suite, normales à la surface de la sphère.

Menons un cylindre tangent à la sphère et solidifions le liquide extérieur à ce cylindre, c'est-à-dire introduisons entre les molécules de ce liquide des forces de cohésion ne modifiant pas les forces attractives capillaires. L'équilibre n'est pas troublé.

Il ne l'est pas non plus si nous enlevons le liquide occupant l'espace DACBE, car l'action de ce liquide sur celui qui occupe l'espace GANBH est négligeable. En effet, les seules molécules du premier volume pouvant réagir sur les molécules du second sont celles qui sont situées à une distance du cercle AB moindre que le rayon d'activité moléculaire. Ces molécules sont situées dans le volume engendré par la rotation du triangle curviligne KAL autour de l'axe du cylindre. Or, ce volume est un infiniment petit du troisième ordre, puisque AK est un infiniment petit. On peut donc négliger l'action de ce volume.

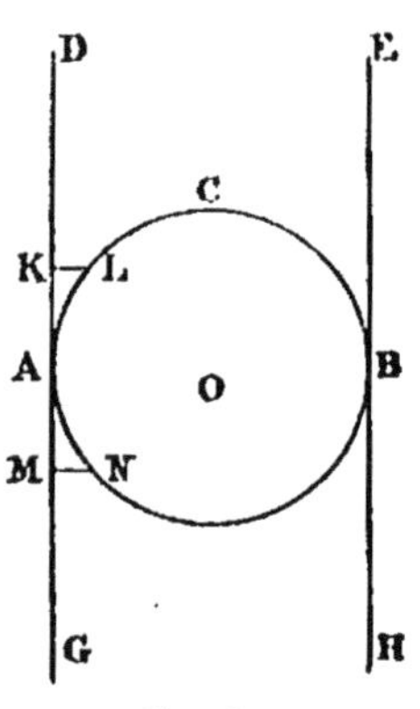

Fig. 4.

Il ne reste plus alors que le liquide GANBH, qui est en équilibre et dont la surface libre est un hémisphère. Mais, d'après la remarque faite précédemment, ce liquide est dans les mêmes conditions que s'il se trouvait dans un tube formé d'une matière telle que $\rho = \rho'$. L'angle de raccordement est donc bien nul dans ce cas.

Le cas où $\rho = 0$, qui ne correspond d'ailleurs à aucune réalité physique, conduit à une valeur π pour l'angle de raccordement.

Considérons, en effet, une sphère de liquide non pesant ; elle est en équilibre. Menons un cylindre tangent à cette sphère et remplissons l'espace situé en dehors du cylindre ainsi que l'espace DACBE de la matière pour laquelle $\rho = 0$. L'équilibre subsiste, puisque la matière ajoutée n'a pas d'action sur les molécules du liquide. Si nous remplissons l'espace GANBH du liquide, nous ne détruisons pas l'équilibre, car les molécules du liquide ajouté qui agissent sur les molécules de la sphère sont uniquement celles qui sont situées dans le petit volume engendré par la rotation du triangle curviligne MAN, et, puisque ce volume est un infiniment petit du troisième ordre, son action peut être négligée.

Nous voyons donc que, lorsqu'un liquide est en équilibre dans un tube cylindrique formé d'une matière n'ayant pas d'action sur ses molécules, la surface libre a la forme d'un hémisphère convexe ACB. Par conséquent, l'angle de raccordement est égal à π.

En résumé, Laplace parvient à expliquer les diverses formes de la surface du ménisque par une attraction plus ou moins grande des molécules solides et liquides, mais il admet la constance de l'angle de raccordement. Dans son second Mémoire, il revient sur cette explication, mais adopte encore cette dernière hypothèse dont l'exactitude n'a été démontrée que par Gauss. Néanmoins, analysons ce Mémoire qui contient de nouveaux résultats.

12. Expression du volume liquide soulevé dans un

tube cylindrique de section quelconque. — Considérons un tube cylindrique, dont la section droite est quelconque, plongé dans un liquide.

Prenons pour plan des xy le plan horizontal de la surface libre du liquide en dehors du tube, et pour axe des z une normale à ce plan dirigée vers le bas.

Le volume U du liquide ABCD (*fig.* 5), qui se trouve dans le tube au-dessus du plan des xy, a pour expression

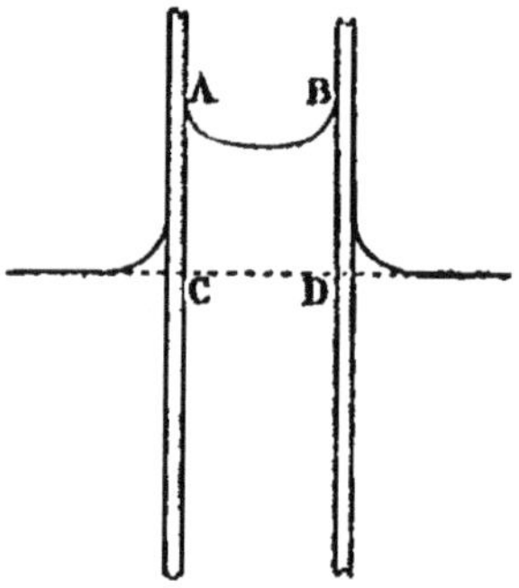

$$U = -\iint z\,dx\,dy,$$

Fig. 5.

z étant l'ordonnée d'un point de la surface libre et l'intégration étant étendue à la section droite du tube.

Or, nous avons trouvé (**9**) pour l'équation de la surface libre dans ce système d'axes

$$gz = \frac{\theta_1(o)}{2}\left(\frac{1}{R_1} + \frac{1}{R_2}\right);$$

par conséquent, il vient

$$gU = -\iint \frac{\theta_1(o)}{2}\left(\frac{1}{R_1} + \frac{1}{R_2}\right) dx\,dy.$$

Appelons l, m, n les cosinus directeurs de la normale en un point de la surface libre. Les rayons de courbure principaux passant par ce point satisfont aux équations

$$\frac{dl}{dx}dx + \frac{dl}{dy}dy = -\frac{1}{R}dx,$$

$$\frac{dm}{dx}dx + \frac{dm}{dy}dy = -\frac{1}{R}dy,$$

dx, dy étant proportionnels aux cosinus directeurs de la tangente à la ligne de courbure. On peut les écrire

$$\left(\frac{dl}{dx} - \frac{1}{R}\right)dx + \frac{dl}{dy}dy = 0,$$

$$\frac{dm}{dx}dx + \left(\frac{dm}{dy} - \frac{1}{R}\right)dy = 0,$$

on en déduit

$$\left(\frac{dl}{dx} + \frac{1}{R}\right)\left(\frac{dm}{dy} + \frac{1}{R}\right) - \frac{dl}{dy}\frac{dm}{dx} = 0,$$

ou

$$\left(\frac{1}{R}\right)^2 + \frac{1}{R}\left(\frac{dl}{dx} + \frac{dm}{dy}\right) + \frac{dl}{dx}\frac{dm}{dy} - \frac{dl}{dy}\frac{dm}{dx} = 0.$$

Par conséquent, nous avons

$$\frac{1}{R_1} + \frac{1}{R_2} = -\left(\frac{dl}{dx} + \frac{dm}{dy}\right),$$

et l'expression de gU devient

$$gU = \frac{\theta_1(0)}{2}\iint\left(\frac{dl}{dx} + \frac{dm}{dy}\right)dxdy,$$

ou en remplaçant l'intégrale double du second membre par une intégrale curviligne étendue à la section droite du tube

$$gU = \frac{\theta_1(0)}{2}\int(ldy - mdx).$$

Les cosinus directeurs de la tangente en un point de la section droite du tube étant

$$\frac{dx}{ds}, \quad \frac{dy}{ds}, \quad o,$$

ds désignant un élément de l'arc de cette section droite, ceux de la normale sont

$$\frac{dy}{ds}, \quad -\frac{dx}{ds}, \quad o.$$

Par conséquent, l'angle formé par la normale à la surface libre du liquide en un point de la courbe de séparation et la normale à la surface du tube, angle qui n'est autre que l'angle de raccordement φ, a pour cosinus

$$\cos\varphi = l\frac{dy}{ds} - m\frac{dx}{ds} + n \times o.$$

Il en résulte pour la valeur de gU

$$gU = \frac{\theta_1(o)}{2}\int ds \cos\varphi, \qquad (10)$$

relation que Laplace écrit

$$gU = \frac{\theta_1(o)}{2} s \cos\varphi, \qquad (11)$$

puisqu'il admet que φ a la même valeur en tout point de la courbe de raccordement.

13. Attraction d'une matière entourant une cavité cylindrique sur un liquide contenu dans la cavité. — Considérons un volume T (*fig.* 6) limité par une surface cylindrique dont la section droite a une forme quelconque et a pour aire Ω, et considérons en même temps une matière occupant le volume T′T″ dont la surface cylindrique est une surface limite. Nous allons chercher la composante suivant la direction des génératrices de cette surface, direction que nous supposons verticale, de l'attraction exercée par le volume T′T″ sur le volume T.

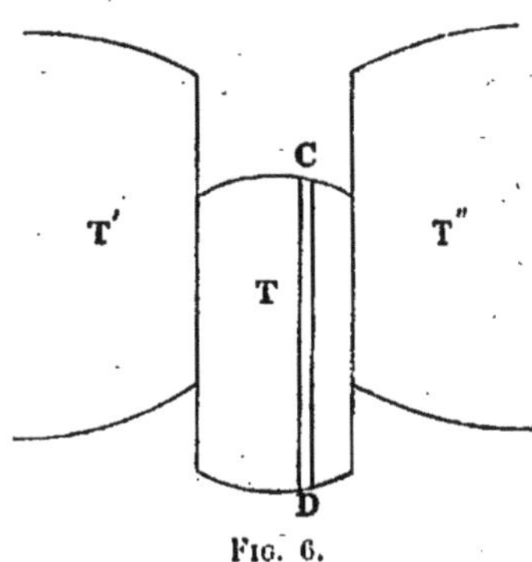

Fig. 6.

Examinons d'abord le cas où la partie supérieure du volume T′T″ dépasse celle du volume T, tandis que la partie inférieure de ce dernier volume dépasse celle du volume T′T″ (*fig.* 6).

Décomposons le volume T en cylindres élémentaires CD de section $d\omega$, et coupons ces cylindres par des plans horizontaux très voisins. Nous obtenons ainsi une infinité d'éléments de volume ayant pour volume $d\omega\, dz$ et dont la masse est représentée par le même produit, si nous prenons pour unité la densité de la matière considérée.

Soit V le potentiel du volume T′T″ en un point extérieur. La force qui en résulte sur l'unité de masse a pour composante verticale $\frac{dV}{dz}$ et, par suite, la composante verticale de l'action du volume T′T″ sur le volume T a pour expression

$$\iiint \frac{dV}{dz}\, d\omega\, dz = \iint d\omega \int \frac{dV}{dz}\, dz = \iint d\omega\, (V_1 - V_0),$$

V_1 étant le potentiel en D, et V_0 le potentiel en C.

Or, les points qui, comme D, appartiennent à la surface inférieure du volume T sont à une distance finie des molécules du volume T'T''. Par suite, le potentiel de ce dernier volume en ces points est sensiblement nul et nous pouvons écrire $V_1 = 0$. Les points, tels que C, qui appartiennent à la surface supérieure limitant le volume T, ne sont pas tous à distance finie des molécules du volume T'T''; V_0 n'est donc pas toujours nul. Par conséquent, la composante verticale cherchée a pour expression

$$-\iint V_0 d\omega.$$

Mais nous avons trouvé pour le potentiel en un point voisin de la surface limitant un volume quelconque

$$V = \theta(\varepsilon) - \frac{\theta_1(\varepsilon)}{2}\left(\frac{1}{R_1} + \frac{1}{R_2}\right).$$

La quantité $\theta_1(\varepsilon)$ étant toujours très petite, nous pouvons négliger le terme qui contient cette quantité en facteur et prendre $V_0 = \theta(\varepsilon)$. Dans ces conditions, nous avons pour la composante verticale de l'attraction

$$-\iint \theta(\varepsilon)\, d\omega. \qquad (12)$$

Quand le volume T dépasse le volume T'T'' par la partie supérieure, le potentiel V_0 est nul, mais V_1 a pour valeur $\theta(\varepsilon)$. Par conséquent, la composante verticale de l'attraction est donnée par l'intégrale précédente prise avec le signe +.

Dans le cas où le volume T dépasse le volume T'T'' en haut et en bas, les divers points tels que C et D sont à des distances finies du volume T′T″. Alors V_1 et V_0 sont nuls et la composante verticale de l'action de T′T″ sur T est nulle.

Si le volume T′T″ dépasse les surfaces limites supérieure et inférieure du volume T, les potentiels de T′ aux divers points de ces surfaces ne sont pas nuls. Mais en deux points C et D, appartenant à un même cylindre élémentaire, les potentiels V_1 et V_0 sont égaux. Par conséquent, la composante verticale de l'action de T′T″ sur T est encore nulle.

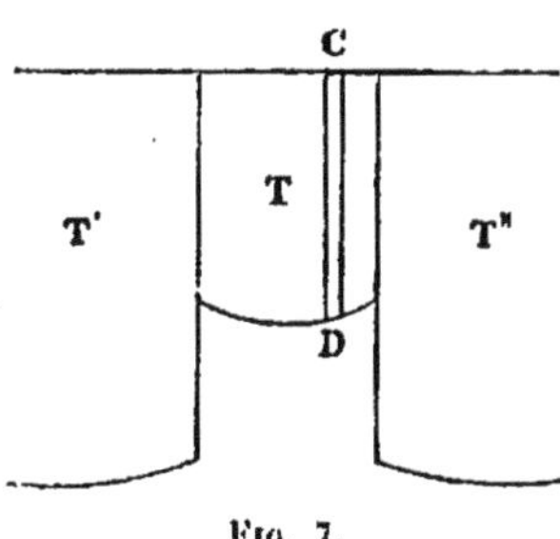

Fig. 7.

Passons au cas où les deux volumes T et T′T″ sont limités supérieurement par un même plan horizontal (*fig.* 7), la partie inférieure du volume T′T″ dépassant celle du volume T.

Décomposant encore le volume T en cylindre CD de section $d\omega$, nous avons pour la composante verticale de l'attraction de T′T″ sur T

$$\iint (V_1 - V_0)\, d\omega.$$

Pour les points de la surface limitant inférieurement T le potentiel de l'action du volume T′T″ est

$$V_1 = 0\,(\varepsilon).$$

Pour trouver V_1 prenons un volume $T'_1T''_1$, symétrique du volume T′T″ par rapport au plan horizontal. Par suite de cette symétrie, le potentiel en C du volume $T'_1T''_1$ est égal au potentiel du volume T′T″. Ce dernier étant désigné par V_0 le potentiel du volume $T''T'' + T_1'T_1''$ est $2V_0$. Or, le potentiel de $T'T'' + T_1'T_1''$ est approximativement $\theta(\varepsilon)$. Par conséquent

$$2V_0 = \theta(\varepsilon)$$

et la composante verticale de l'attraction de $T'T''$ sur T devient

$$\iint \frac{\theta(\varepsilon)}{2} d\omega. \qquad (13)$$

Ainsi, dans les différents cas qui peuvent se présenter, cette composante est nulle, ou bien égale à l'intégrale (12), ou encore à l'intégrale (13), qui est la moitié de la précédente.

14. Calculons donc l'intégrale (12).

Soit C (*fig.* 8) la section droite du cylindre qui sépare les deux volumes. En deux points infiniment voisins A et B de cette courbe menons les normales et traçons deux courbes C' et C'' parallèles à C, la première à une distance ε, la seconde à une distance $\varepsilon + d\varepsilon$. Nous formons ainsi un élément de surface A'B'A''B'' dont le côté A'A'' a pour longueur $d\varepsilon$ et dont le côté A'B' a sensiblement pour longueur l'élément de courbe AB $= ds$, puisque C et C' sont deux courbes parallèles très voisines. Prenons cet élément comme section $d\omega$ du cylindre élémentaire CD considéré précédemment. Nous avons alors pour l'intégrale cherchée

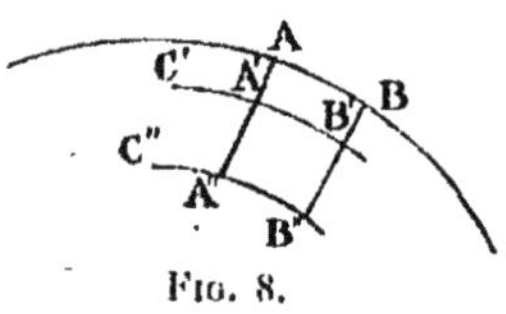

Fig. 8.

$$\iint \theta(\varepsilon)\, d\omega = \iint \theta(\varepsilon)\, d\varepsilon ds = s \int \theta(\varepsilon)\, d\varepsilon.$$

L'une des limites de ε est 0; l'autre est supérieure au rayon d'activité moléculaire, puisque celui-ci est excessivement petit. Comme pour les distances plus grandes que ce rayon, $\theta(\varepsilon)$ est sensiblement nul, nous pouvons prendre 0 et ∞ comme limites de la dernière intégrale.

Nous avons donc pour cette intégrale

$$\int_0^\infty \theta(\varepsilon)\,d\varepsilon = [\varepsilon\,\theta(\varepsilon)]_0^\infty - \int_0^\infty \varepsilon\,\theta'(\varepsilon)\,d\varepsilon.$$

Mais les fonctions $\theta(\varepsilon)$ et $\theta_1(\varepsilon)$ sont définies par (3)

$$\theta(\varepsilon) = \int_\varepsilon^\infty 2\pi\psi(z)\,dz, \quad \theta_1(\varepsilon) = \int_\varepsilon^\infty 2\pi z\,\psi(z)\,dz.$$

Par conséquent

$$\theta'(\varepsilon) = -2\pi\,\psi(\varepsilon),$$

et par suite

$$\int_0^\infty \varepsilon\theta'(\varepsilon)\,d\varepsilon = -\int_0^\infty 2\pi\varepsilon\psi(\varepsilon)\,d\varepsilon = -\theta_1(o).$$

La quantité $[\varepsilon\,\theta(\varepsilon)]_0^\infty$ est nulle, puisque pour la limite 0 le premier facteur est nul et que pour l'autre limite c'est le second facteur qui s'annule. Il vient donc

$$\int_0^\infty \theta(\varepsilon)\,d\varepsilon = \theta_1(o),$$

et

$$\iint \theta(\varepsilon)\,d\omega = s\,\theta_1(o). \qquad (14)$$

15. Nouvelle expression du volume soulevé dans un tube capillaire. — Servons-nous de ces quantités pour trouver une nouvelle expression du volume soulevé dans un tube capillaire.

Outre ce volume U (*fig.* 9), considérons le volume U' limité par le plan CD, la surface EF et le prolongement de la surface cylindrique du tube et écrivons que le volume total U + U' est en équilibre sous l'action des forces qui agissent sur lui.

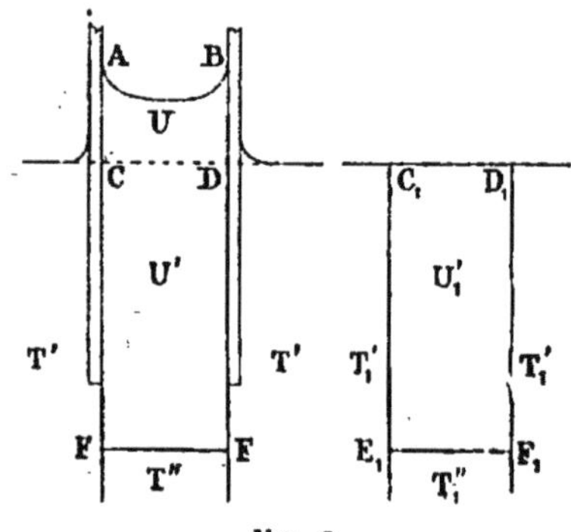

Fig. 9.

Ces forces sont :

1° Son poids

$$g\,(U + U'),$$

la densité du liquide étant prise pour unité;

2° La pression atmosphérique $p_0\Omega$ qui s'exerce sur la surface AB du ménisque;

3° La pression hydrostatique H sur la surface EF;

4° L'attraction du liquide T' qui entoure le prolongement, attraction qui a pour composante verticale

$$\iint \theta\,(\varepsilon)\,d\omega = s\,\theta_1\,(o);$$

5° L'attraction du tube de verre. Comme celui-ci dépasse le volume liquide U + U' par la partie supérieure, la composante verticale de son attraction est donnée par l'expression précédente changée de signe. Mais, pour distinguer l'action d'un liquide sur un liquide de celle d'un solide sur un liquide nous désignerons par $\eta\,(\varepsilon)$ la fonction de ε correspondant à $\theta(\epsilon)$, et nous aurons pour la composante verticale de l'attraction du verre

$$- s \eta_1 (o) ;$$

6° Enfin, l'attraction du volume T″ située au-dessous de U′ et dont la composante verticale sera désignée par H′.

Puisque le liquide est supposé en équilibre, la somme algébrique des composantes verticales de ces forces doit être nulle; par suite

$$g(U + U') + p_0\Omega - H + H' - s\eta_1 (o) + s\theta_1 (o) = o.$$

Pour éliminer les quantités $p_0\Omega$, H et H′, écrivons que le volume U_1' de liquide, égal à U, mais situé à une distance suffisante du tube pour que C_1D_1 soit horizontal, est en équilibre sous l'action des forces qui le sollicitent.

Ces forces seront : le poids gU', la pression atmosphérique $p_0\Omega$, la pression hydrostatique H, l'attraction H′ du volume T_1'', enfin, l'attraction du liquide T_1', laquelle a pour composante verticale, d'après (13) et (14)

$$\frac{1}{2} s\theta_1 (o).$$

On a donc

$$gU' + p_0\Omega - H + H' + \frac{s}{2} \theta_1 (o) = o$$

et la relation précédemment écrite devient

$$gU = s\left[\eta_1 (o) - \frac{\theta_1 (o)}{2}\right]. \qquad (15)$$

16. Loi de Jurin. Loi de Laplace. — Supposons que

le tube forme intérieurement un cylindre de révolution de très petit diamètre d. Le volume U soulevé est très sensiblement celui d'un cylindre de même diamètre et ayant pour hauteur la distance z du point le plus bas du ménisque au plan horizontal formant la surface libre du liquide au-delà du tube ; par suite

$$U = \pi \frac{d^2}{4} z.$$

Or, d'après la relation (15), gU est égal au périmètre $s = \pi d$ du tube, multiplié par une constante $k = \eta_1 - \frac{\theta_1}{2}$. Par conséquent

$$g\pi \frac{d^2}{4} z = \pi d k,$$

d'où

$$z = \frac{4k}{g} \frac{1}{d}. \qquad (16)$$

La théorie de Laplace conduit donc à cette conclusion que, dans un tube de très petit diamètre, la hauteur du liquide soulevé varie en raison inverse du diamètre du tube. C'est la loi énoncée pour la première fois par Borelli en 1670, puis par Newton en 1704, et enfin en 1708 par Jurin, physicien anglais dont elle porte le nom.

Supposons que la section droite du tube est un rectangle ayant pour côtés a et b, l'un d'eux, a, étant très petit. Nous aurons

$$s = 2(a + b),$$

et sensiblement

$$U = abz.$$

La relation (15) donne donc

$$gabz = 2k\,(a + b),$$

d'où

$$z = \frac{2k}{g}\,\frac{a + b}{ab}.$$

Si le côté b devient infini, ce qui a lieu pratiquement quand on considère l'ascension d'un liquide entre deux lames parallèles très rapprochées, il vient

$$z = \frac{2k}{g}\,\frac{1}{a}.$$

En comparant cette expression à l'expression (16), on voit que la hauteur soulevée dans un tube cylindrique de révolution est double de celle qui est soulevée entre deux lames parallèles dont l'écartement est égal au diamètre du tube. C'est la loi connue aujourd'hui sous le nom de loi de Laplace et dont la démonstration expérimentale est due à Newton.

Ainsi la théorie de Laplace explique les deux lois les plus anciennement connues des phénomènes capillaires.

17. Sur l'angle de raccordement. — La comparaison des expressions (10) et (15) trouvées pour gU nous fournit l'égalité

$$\frac{\theta_1(o)}{2}\int ds \cos\varphi = s\,[\eta_1(o) - \theta_1(o)].$$

Si nous posons

$$\int ds \cos\varphi = s \cos\varphi_0,$$

φ_0 est l'angle de raccordement moyen, et il vient

$$\cos \varphi_0 = \frac{2\eta_1 - \theta_1}{\theta_1}.$$

η_1 et θ_1 étant des constantes pour un même liquide et un même solide. On voit que l'angle de raccordement moyen est une constante. C'est tout ce qu'on peut déduire logiquement de la théorie de Laplace. Elle ne permet donc pas, comme le fait Laplace, de supposer que l'angle de raccordement lui-même est constant. Il est vrai que, dans les cas particuliers d'un tube cylindrique de révolution et de deux lames parallèles très rapprochées, cette constance est évidente par raison de symétrie.

Quoi qu'il en soit, admettons avec Laplace que l'angle φ a la même valeur en tout point de la courbe de raccordement. Nous avons alors

$$\cos \varphi = \frac{2\eta_1 - \theta_1}{\theta_1},$$

θ_1 et η_1 étant des quantités positives cet angle sera

aigu si	$2\eta_1 > \theta_1$,
obtus si	$2\eta_1 < \theta_1$,
droit si	$2\eta_1 = \theta_1$,
nul si	$\eta_1 = \theta_1$.

Si η_1 était plus grand que θ_1, la formule précédente conduirait à une valeur du cosinus plus grande que 1 et deviendrait illusoire. Laplace admet que, dans ce cas, le liquide mouille le solide et que celui-ci se recouvre d'une gaine liquide, de telle sorte que tout se passe comme si θ_1 et η_1 étaient égaux.

Comparons ces résultats à ceux que Laplace a obtenus dans son premier Mémoire. Des conclusions trouvées (**10**) et (**11**) il résulte que l'angle est

aigu si	$2\rho > \rho'$,
obtus si	$2\rho < \rho'$,
droit si	$2\rho = \rho'$,
nul si	$\rho = \rho'$.

Ces résultats ne diffèrent donc de ceux du second Mémoire que par la substitution de ρ à η_1 et de ρ' à θ_1. Ils sont identiques si ρ et ρ' sont respectivement proportionnels à η_1 et θ_1. Or, c'est ce qui a lieu si, comme l'admet Laplace, les lois d'attraction des molécules solides sur les molécules liquides sont les mêmes que celles de l'attraction des molécules liquides entre elles, les intensités des forces attractives ne différant que par un facteur constant.

18. Nouvelle manière d'obtenir l'équation de la surface libre. — Nous avons vu comment Laplace obtient l'équation de la surface libre d'un liquide dans le voisinage d'un paroi solide

$$gz = \frac{\theta(o)}{2}\left(\frac{1}{R_1} + \frac{1}{R_2}\right). \qquad (8)$$

Disons maintenant quelques mots d'une autre méthode employée par Laplace pour arriver à cette équation.

Dans l'état d'équilibre, les forces s'exerçant sur une molécule de la surface du liquide ont une résultante normale à cette surface. Par suite, le travail virtuel résultant d'un déplacement d'une molécule superficielle dans le plan tangent à la surface libre doit être nul. Le travail virtuel de la pesanteur est $g\delta z$; si nous désignons par δJ celui des forces capillaires, nous aurons

$$g\delta z + \delta J = 0,$$

et pour avoir δJ il suffira de considérer la composante tangentielle des forces capillaires, le travail de la composante normale étant nul dans le déplacement virtuel considéré.

Prenons un système d'axes de coordonnées ayant pour origine un point O de la surface libre, Oz étant la normale à la surface, Ox et Oy les tangentes aux indicatrices du point O. L'équation de la surface rapportée à ces axes est

$$z = ax^2 + by^2 + cx^3 + 3ex^2y + 3fxy^2 + hy^3 + \ldots,$$

et celle du paraboloïde osculateur

$$z = ax^2 + by^2.$$

L'attraction exercée par le liquide limité par ce paraboloïde sur la molécule située en O est évidemment, par raison de symétrie, dirigée normalement à la surface. Pour avoir la composante tangentielle des forces capillaires s'exerçant en O, il suffit donc de considérer le liquide compris entre la surface libre et le paraboloïde osculateur.

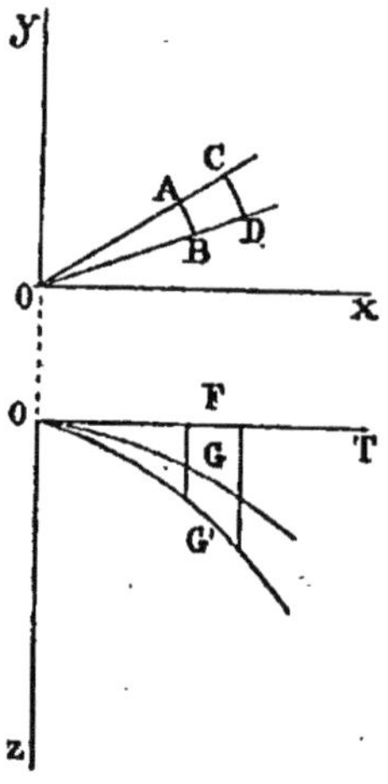

FIG. 10.

Dans le plan des xy prenons un élément de surface ABCD (*fig.* 10), limité, d'une part, par deux arcs de cercle AB et CD ayant pour rayons ρ et $\rho + d\rho$, et, d'autre part, par deux droites passant par l'origine et faisant des angles θ et $\theta + d\theta$ avec Ox.

Menons par le contour de cet élément des parallèles à la normale en O. Nous obtenons un cylindre découpant sur la surface libre S du liquide un élément G et sur la surface S du paraboloïde osculateur un élément G'. La portion du cylindre comprise entre G et G' est un élément du volume dont nous avons à chercher la composante tangentielle de l'attraction sur O. En désignant par z et par z' les distances des éléments G et G' au plan des xy, on a pour le volume de cet élément

$$du = (z - z')\,\rho\, d\theta\, d\rho,$$

$z - z'$ ayant pour valeur

$$z - z' = cx^3 + 3ex^2y + 3fxy^2 + hy^3 + \dots$$

Pour que ce volume du exerce une action appréciable sur O, il faut que sa distance à ce point soit inférieure au rayon d'activité moléculaire. Si ce rayon est considéré comme un infiniment petit du premier ordre, x et y doivent être également du premier ordre, et alors z et z' sont du second. On peut donc considérer tous les points du petit cylindre FG' comme étant à la même distance du point O, c'est-à-dire admettre que tous les points de l'élément du sont à une même distance ρ de O. Pour les mêmes raisons, on peut regarder toutes les droites joignant le point O aux divers points de du comme formant le même angle θ avec l'axe des x. Par suite, la composante suivant cet axe de l'attraction exercée par du sur le point O a pour expression

$$du\, f(\rho) \cos\theta,$$

et celle du volume compris entre la surface libre et le paraboloïde est

$$\int du\, f(\rho) \cos\theta = \int (z - z')\, \rho\, f(\rho) \cos\theta \, d\theta \, d\rho,$$

θ variant de 0 à 2π et ρ de 0 à la valeur du rayon d'activité moléculaire, ou, ce qui revient au même, de 0 à ∞.

Or, $\frac{z - z'}{\rho^3}$ ne dépend que de θ, car

$$\frac{x}{\rho} = \cos\theta, \qquad \frac{y}{\rho} = \sin\theta,$$

et par suite

$$\frac{z - z'}{\rho^3} = e\cos^3\theta + 3e\sin\theta\cos^2\theta + 3f\sin^2\theta\cos\theta + h\sin^3\theta.$$

L'intégrale précédente peut donc s'écrire

$$\int_0^{2\pi} \frac{z - z'}{\rho^3} \cos\theta \, d\theta \int_0^{\infty} \rho^4 f(\rho)\, d\rho.$$

Si nous appelons B la valeur de l'intégrale définie par rapport à ρ et si nous effectuons l'intégration par rapport à θ, il vient

$$e\int_0^{2\pi} \cos^4\theta\, d\theta + 3e\int_0^{2\pi} \cos^3\theta \sin\theta\, d\theta + 3f\int_0^{2\pi} \cos^2\theta \sin^2\theta\, d\theta$$
$$+ h\int_0^{2\pi} \cos\theta \sin^3\theta\, d\theta = \frac{3\pi}{4} e + \frac{3\pi}{4} f = \frac{3\pi}{4}(e + f)$$

et pour la double intégration

$$\frac{3B\pi}{4}(e + f).$$

De la même façon, nous trouverions pour la composante suivant Oy de l'attraction cherchée

$$\frac{3B\pi}{4}(e+h)$$

et, par conséquent, nous avons pour le travail virtuel des forces capillaires

$$\delta J = \frac{3B\pi}{4}[(c+f)\,\delta x + (e+h)\,\delta y].$$

Il reste encore à introduire les rayons de courbure. Or, on a

$$\frac{1}{R_1}+\frac{1}{R_2} = -\left(\frac{dl}{dx}+\frac{dm}{dy}\right)$$

et

$$l = \frac{\frac{dz}{dx}}{\sqrt{\left(\frac{dz}{dx}\right)^2+\left(\frac{dz}{dy}\right)^2+1}}, \quad m = \frac{\frac{dz}{dy}}{\sqrt{\left(\frac{dz}{dx}\right)^2+\left(\frac{dz}{dy}\right)^2+1}}.$$

Mais x et y étant des infiniment petits du premier ordre, les dérivées

$$\frac{dz}{dx} = 2ax + 3cx^2 + 6exy + 3fy^2,$$

$$\frac{dz}{dy} = 2by + 3ex^2 + 6fxy + 3hy^2,$$

sont aussi du premier ordre. Par suite, leurs carrés sont négligeables vis-à-vis de l'unité, et l'on a approximativement

$$l = \frac{dz}{dx} \qquad m = \frac{dz}{dy}.$$

Il en résulte

$$\frac{dl}{dx} = 2a + 6cx + 6ey,$$

$$\delta \frac{dl}{dx} = 6\,(c\delta x + e\delta y),$$

$$\frac{dm}{dy} = 2b + 6fx + 6hy,$$

$$\delta \frac{dm}{dy} = 6\,(f\delta x + h\delta y),$$

$$\delta\left(\frac{dl}{dx} + \frac{dm}{dy}\right) = 6\,[(e + f)\,\delta x + (e + h)\,\delta y],$$

et par conséquent

$$\delta \mathrm{J} = -\frac{\mathrm{B}\pi}{8}\left(\frac{1}{\mathrm{R}_1} + \frac{1}{\mathrm{R}_2}\right).$$

On a donc enfin pour l'équation de la surface libre

$$gz = \frac{\mathrm{B}\pi}{8}\left(\frac{1}{\mathrm{R}_1} + \frac{1}{\mathrm{R}_2}\right),$$

dont la forme ne diffère pas de celle de l'équation (8).

CHAPITRE II

THÉORIES DE GAUSS ET DE POISSON

19. Bases de la théorie de Gauss. — Comme Laplace, Gauss considère les corps comme formés de molécules s'attirant les unes les autres, suivant les droites qui les joignent deux à deux, avec une intensité proportionnelle à leurs masses et dépendant de la distance.

D'après le principe des vitesses virtuelles, la somme des travaux virtuels est nulle quand on donne au système en équilibre un déplacement virtuel compatible avec les liaisons. Cherchons ces travaux pour un liquide pesant en contact avec des parois solides.

Si U est le volume du liquide, dont nous continuerons à prendre la densité pour unité, le travail virtuel de la pesanteur est

$$gU\delta z,$$

l'axe des z étant vertical et dirigé vers le bas.

En représentant par

$$mm'f(r),$$

l'attraction de deux molécules liquides, le travail correspondant à un accroissement δr de la distance est

$$-mm'f(r)\,\delta r = mm'\,\delta\varphi(r),$$

la fonction φ étant définie comme dans le § 1.

Celui qui résulte d'un déplacement d'une molécule solide par rapport à une molécule solide est

$$-m\mu f_1(r)\,\delta r = m\mu\,\delta\varphi_1(r).$$

Par conséquent, l'application du principe des vitesses virtuelles fournit l'équation

$$gU\delta z + \sum mm'\delta\varphi(r) + \sum m\mu\,\delta\varphi_1(r) = 0.$$

Si l'on pose

$$\sum mm'\varphi(r) = W,$$

$$\sum m\mu\varphi_1(r) = W_1,$$

et si l'on suppose le fluide incompressible, ce qui permet d'écrire

$$gU\delta z = \delta\,(gUz),$$

cette équation devient

$$\delta\,(gUz + W + W_1) = 0. \qquad (1)$$

Telle est la relation dont Gauss déduit l'équation de la surface libre et la valeur de l'angle de raccordement.

Remarquons que la fonction

$$-(gUz + W + W_1)$$

n'est autre que l'énergie potentielle du système. Il sera donc facile, en général, de reconnaître si l'équilibre est stable, car on sait qu'il y a stabilité de l'équilibre quand l'énergie potentielle passe par un minimum. C'est là un des avantages de la méthode de Gauss sur celle de Laplace.

20. Calcul des travaux des forces moléculaires. — Considérons un volume liquide; on a alors

$$W = \sum mm' \varphi(r) = \iint \varphi(r)\, d\tau d\tau'$$

l'intégrale sextuple étant prise de telle sorte que deux éléments $d\tau$ et $d\tau'$ ne soient considérés qu'une seule fois. Si on ne s'astreint pas à cette restriction et qu'on calcule l'intégrale en prenant toutes les permutations de deux éléments, il vient

$$W = \frac{1}{2}\iint \varphi(r)\, d\tau d\tau',$$

Regardons $d\tau$ comme fixe; la portion de l'intégrale correspondante est

$$\int \varphi(r)\, d\tau'.$$

Or, cette intégrale est le potentiel V du volume entier au centre de gravité de l'élément $d\tau$; par suite

$$W = \frac{1}{2}\int V d\tau.$$

Mais nous avons trouvé (6) pour le potentiel en un point extérieur très voisin de la surface limitant le volume attirant

$$V = \theta(\varepsilon) - \frac{\theta_1(\varepsilon)}{2}\left(\frac{1}{R_1} + \frac{1}{R_2}\right).$$

Dans le cas qui nous occupe, où le point considéré est intérieur, nous aurons

$$V = \theta(-\varepsilon) - \frac{\theta_1(-\varepsilon)}{2}\left(\frac{1}{R_1} + \frac{1}{R_2}\right),$$

et, comme θ_1 est très petit par rapport à θ, nous pourrons ne conserver que le premier terme (ce qu'on ne pouvait faire dans la théorie de Laplace, car le terme $\theta(\varepsilon)$ disparaissait des équations). Par suite

$$V = \theta(-\varepsilon).$$

Il est, d'ailleurs, facile d'exprimer $\theta(-\varepsilon)$ en fonction de $\theta(\varepsilon)$. En effet, soit M un point voisin de la surface de séparation S (*fig.* 11) de deux volumes T et T′ d'un même liquide. Le potentiel en ce point dû à T est $\theta(-\varepsilon)$; celui qui est dû à T′ est $\theta(\varepsilon)$; par conséquent, le potentiel dû au volume T + T′ est $\theta(\varepsilon) + \theta(-\varepsilon)$. Or, ce point M est à une distance finie des surfaces limitant T + T′; par suite, la résultante des forces moléculaires qui s'exercent sur lui est nulle, et le potentiel de T + T′ en ce point est une constante A. On a donc

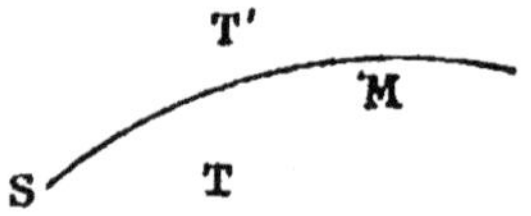

FIG. 11.

$$\theta(-\varepsilon) = A - \theta(\varepsilon),$$

et il vient

$$W = \frac{1}{2}\int [A - \theta(\varepsilon)]\, d\tau = \frac{AU}{2} - \frac{1}{2}\int \theta(\varepsilon)\, d\tau \quad (2)$$

Le travail des forces s'exerçant entre molécules solides et

molécules liquides peut, d'une façon analogue, s'exprimer à l'aide de la fonction $\eta(\varepsilon)$. Nous avons

$$W_1 = \int\int \varphi_1(r)\, d\tau d\tau_1,$$

et, comme $d\tau$ et $d\tau_1$ se rapportent à deux matières différentes, nous ne pouvons pas intervertir les deux éléments comme dans l'expression W.

Si nous regardons comme fixe l'élément $d\tau$, la portion de l'intégrale correspondante est

$$\int \varphi_1(r)\, d\tau_1,$$

intégrale qui représente le potentiel V_1 du solide en un point de $d\tau$. Cet élément étant extérieur au solide V_1 a pour valeur approximative $\eta(\varepsilon)$, et on a

$$W_1 = \int \eta(\varepsilon)\, d\tau. \tag{3}$$

On voit que W et W_1 sont données par des intégrales de même forme. Transformons-les.

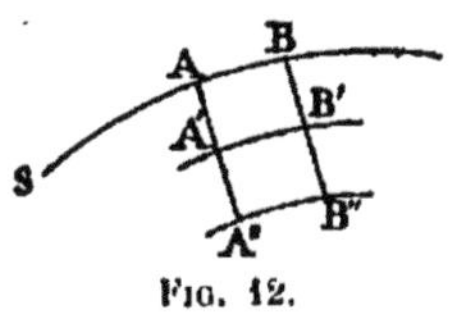

Fig. 12.

Soit AB (*fig.* 12) un élément de la surface du fluide. Menons par tous les points de son contour des normales à la surface et coupons le tube ainsi obtenu par deux surfaces parallèles à S, situées l'une à la distance ε, l'autre à la distance $\varepsilon + d\varepsilon$. Nous avons un élément de volume $A'B'A''B''$ dont la base $A'B'$ diffère infiniment peu de AB, puisque ε est très petit. En désignant par $d\omega$ l'aire de l'élément AB, le volume de cet élément est

$$d\tau = d\varepsilon\, d\omega\,;$$

et il vient

$$\int \theta\,(\varepsilon)\, d\tau = \iint \theta\,(\varepsilon)\, d\varepsilon\, d\omega,$$

l'intégration par rapport à ω étant effectuée pour toute l'étendue de la surface S qui limite le fluide et celle par rapport à ε depuis 0 jusqu'à la valeur du rayon d'activité moléculaire, ou, ce qui revient au même, depuis 0 jusqu'à l'infini. Cette intégrale peut donc s'écrire

$$\int_{s} d\omega \int_{0}^{\infty} \theta\,(\varepsilon)\, d\varepsilon.$$

Mais on a vu (**14**) que

$$\int_{0}^{\infty} \theta\,(\varepsilon)\, d\varepsilon = \theta_1\,(o)$$

par suite

$$\int_{s} d\omega \int_{0}^{\infty} \theta\,(\varepsilon)\, d\varepsilon = \mathrm{S}\theta_1\,(\varepsilon),$$

et après (2)

$$\mathrm{W} = \frac{\mathrm{AU}}{2} - \frac{\mathrm{S}\theta_1\,(o)}{2}.$$

En transformant de la même manière l'expression (3), il vient

$$\mathrm{W}_1 = \mathrm{S}_1 \eta_1\,(o).$$

Dans ces deux égalités S désigne la surface tout entière

qui limite le fluide ; S_1, la surface de contact du fluide et du solide.

Nous avons donc pour les travaux virtuels des forces moléculaires

$$\delta W = -\frac{\theta_1}{2}\delta S, \qquad \delta W_1 = \eta_1 \delta S_1.$$

21. Transformation de l'équation d'équilibre. — Transportons les valeurs précédentes de W et W_1 dans la relation (1) en négligeant, d'ailleurs, le terme $\frac{AU}{2}$ qui disparaît quand on prend les variations; il vient

$$\delta\left(gUz - \frac{\theta_1}{2}S + \eta_1 S_1\right) = 0.$$

Si nous désignons par Σ la portion de la surface S qui n'est pas en contact avec le solide, nous avons

$$S = S_1 + \Sigma,$$

et l'équation précédente devient

$$\delta\left[gUz - \frac{\theta_1}{2}\Sigma + \left(\eta_1 - \frac{\theta_1}{2}\right)S_1\right] = 0. \qquad (4)$$

Calculons la variation de chacun des termes de la quantité entre crochets.

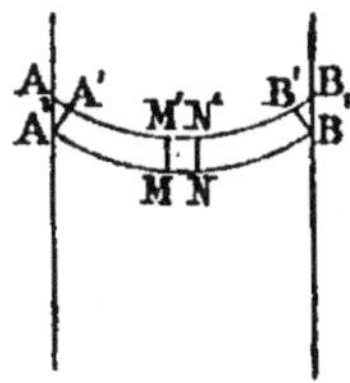

FIG. 13.

Soit AB une des surfaces limitant le fluide dans sa position d'équilibre (*fig.* 13) et soit A_1B_1 sa position après le déplacement. Ces deux surfaces comprennent entre elles un petit volume que nous décomposerons en éléments de volume en menant par le contour de chaque élément $d\sigma$ de la surface

AB des normales MM', NN' à cette surface. En désignant par λ la longueur de MM', le volume de l'élément a pour expression

$$d\tau = \lambda d\sigma.$$

Le terme gUz est le moment du poids du liquide par rapport au plan xy. Sa variation est donc le moment du volume compris entre la surface d'équilibre du fluide et sa surface après le déplacement ; par conséquent

$$\delta\,(gUz) = \int gz\lambda d\sigma.$$

Pour avoir la variation du second terme comparons les aires Σ et Σ_1 des surfaces AB et A_1B_1 comprises entre les lignes de raccordements L et L_1 de ces surfaces et des parois solides ; nous avons

$$\delta\Sigma = \Sigma_1 - \Sigma.$$

Si nous menons par les points de L les normales AA', BB' à la surface AB, ces normales coupent la surface A_1B_1 suivant une ligne A'B' limitant une aire Σ' de cette surface. En appelant Σ'' l'aire comprise entre A'B' et A_1B_1, nous pouvons écrire la variation de Σ

$$\delta\Sigma = \Sigma' + \Sigma'' - \Sigma = \Sigma'' + \int d\sigma' - \int d\sigma$$

Comparons les surfaces $d\sigma$ et $d\sigma'$ des éléments MN et M'N'. Pour cela, supposons que les côtés de l'élément MN appartiennent aux deux lignes de courbure de la surface AB passant par le point M. Les lignes de courbure se coupant à angle droit, nous aurons

$$d\sigma = MN \times MP,$$

MN et NP étant (*fig.* 14) les deux côtés de l'élément. Les normales menées par les points de MN et de MP coupent la surface Σ_1 suivant deux lignes M'N' et M'P' sensiblement rectangulaires ; par suite

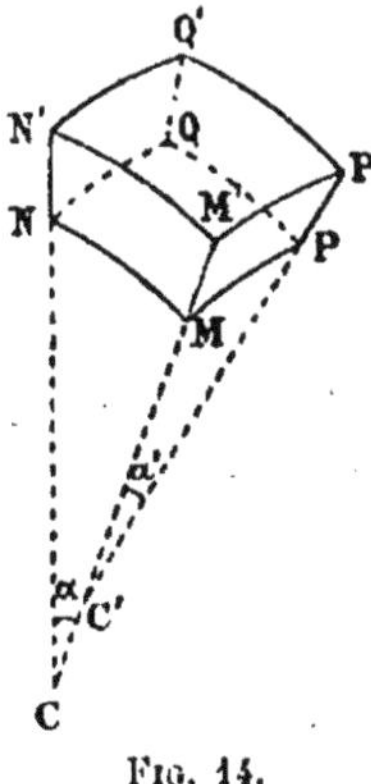

Fig. 14.

$$d\sigma' = M'N' \times M'P'.$$

Les points M et N appartenant à une même ligne de courbure, les normales en ces points se coupent en un point C. En désignant par R_1 le rayon de courbure MC, on a

$$MN = \alpha R_1 \qquad M'N' = \alpha (R_1 + \lambda),$$

α étant l'angle des normales en M et en N; car M'N' est sensiblement perpendiculaire aux deux normales.

On en tire

$$\frac{M'N'}{MN} = 1 + \frac{\lambda}{R_1}.$$

De même on aurait

$$\frac{M'P'}{M'N'} = 1 + \frac{\lambda}{R_2}$$

et par conséquent

$$\frac{d\sigma'}{d\sigma} = \left(1 + \frac{\lambda}{R_1}\right)\left(1 + \frac{\lambda}{R_2}\right),$$

ou, en développant et en négligeant le terme en λ^2 qui est infiniment petit du second ordre, puisque λ est du premier ordre

$$\frac{d\sigma'}{d\sigma} = 1 + \lambda\left(\frac{1}{R_1} + \frac{1}{R_2}\right).$$

On en déduit

$$d\sigma' - d\sigma = \lambda d\sigma\left(\frac{1}{R_1} + \frac{1}{R_2}\right),$$

et

$$\int d\sigma' - \int d\sigma = \int \lambda\left(\frac{1}{R_1} + \frac{1}{R_2}\right) d\sigma.$$

Évaluons l'aire annulaire Σ''. Soient A et C deux points infiniment voisins de la courbe de raccordement L (*fig.* 15). Menons par ces points des plans normaux à cette courbe. Ils découpent dans l'aire Σ'' un élément $A'C'A_1C_1$, dont la surface est très sensiblement

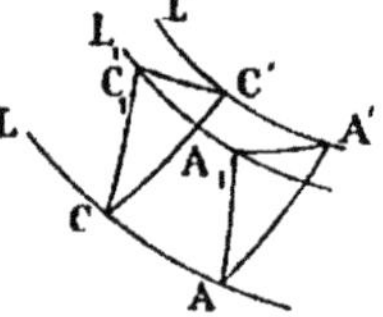

FIG. 15.

$$d\omega = ds \times A_1A',$$

ds désignant l'élément AC de la courbe L. Si φ est l'angle de raccordement dans l'état d'équilibre, l'angle de raccordement AA_1A' après le déplacement peut être confondu avec φ et comme l'angle en A' est sensiblement droit, puisque AA' est normal à la surface Σ, on a

$$A_1A' = AA' \operatorname{cotg}\varphi = \lambda\frac{\cos\varphi}{\sin\varphi}.$$

Par suite

$$d\omega = \lambda\frac{\cos\varphi}{\sin\varphi} ds$$

et

$$\Sigma'' = \int d\omega = \int_{L} \lambda \frac{\cos\varphi}{\sin\varphi}\, ds.$$

La variation du second terme est donc

$$-\frac{\theta_1}{2}\delta\Sigma = -\frac{\theta_1}{2}\left[\int_{L_1} \lambda \left(\frac{1}{R_1} + \frac{1}{R_2}\right) d\sigma + \int_{L} \lambda \frac{\cos\varphi}{\sin\varphi}\, ds\right].$$

La variation du troisième s'obtient plus facilement. En effet, puisque S_1 est la surface de contact du liquide et du solide, δS_1 est l'aire comprise entre les lignes de raccordement L et L_1. Un élément de cette aire est AA_1C_1C (*fig.* 15); par conséquent

$$\delta S_1 = \int ds \times AA_1.$$

Mais dans le triangle rectangle AA_1A' on a

$$AA_1 = \frac{\lambda}{\sin\varphi};$$

donc

$$\left(\eta_1 - \frac{\theta_1}{2}\right)\delta S_1 = \left(\eta_1 - \frac{\theta_1}{2}\right)\int_{L} \frac{\lambda}{\sin\varphi}\, ds.$$

La condition (4) devient dès lors

$$\int g z \lambda d\sigma - \frac{\theta_1}{2}\int \lambda\left(\frac{1}{R_1} + \frac{1}{R_2}\right) d\sigma - \frac{\theta_1}{2}\int_{L} \lambda \frac{\cos\varphi}{\sin\varphi} ds + \left(\eta_1 - \frac{\theta_1}{2}\right)\int \frac{\lambda}{\sin\varphi}\, ds = 0$$

ou :

$$\int\left[g z - \frac{\theta_1}{2}\left(\frac{1}{R_1} + \frac{1}{R_2}\right)\right]\lambda d\sigma + \int_{L}\left(\eta_1 - \frac{\theta_1}{2} - \frac{\theta_1}{2}\cos\varphi\right)\frac{\lambda}{\sin\varphi} ds = 0. \quad (5)$$

22. Équation de la surface libre. Angle de raccordement. — Cette équation doit être satisfaite quelles que soient les valeurs données à λ, pourvu que celles-ci soient compatibles avec les liaisons. Or, le liquide a été supposé incompressible. Par conséquent, la somme algébrique des variations de volume résultant du déplacement virtuel des surfaces limites doit être nulle. Nous avons vu dans le numéro précédent que le volume d'un élément compris entre la surface d'équilibre et cette surface déformée est $d\tau = \lambda d\sigma$. Par suite, l'incompressibilité du fluide conduit à la condition

$$\int \lambda d\sigma = 0. \qquad (6)$$

Si nous tenons compte de cette égalité, la relation (5) sera satisfaite pour une valeur quelconque de λ compatible avec les liaisons si

$$gz - \frac{\theta_1}{2}\left(\frac{1}{R_1} + \frac{1}{R_1}\right) = K, \qquad (7)$$

$$\gamma_1 - \frac{\theta_1}{2} - \frac{\theta_1}{2}\cos\varphi = 0, \qquad (8)$$

K étant une constante.

Ces conditions sont, en effet, suffisantes, car, si elles sont remplies, le second terme de (5) est nul, et le premier se réduit au produit d'une constante par l'intégrale de $\lambda d\sigma$, laquelle est nulle d'après (6).

Montrons qu'elles sont nécessaires, c'est-à-dire que, si elles ne sont pas remplies, on peut s'arranger de telle sorte que la relation (6) soit satisfaite et que la relation (5) ne le soit pas.

En premier lieu, admettons que

$$gz - \frac{\theta_1}{2}\left(\frac{1}{R_1} + \frac{1}{R_2}\right)$$

n'est pas une constante. C'est alors une fonction des coordonnées qui présente au moins un maximum et un minimum, puisqu'elle s'applique à une surface limitée. Si donc on prend pour K une valeur comprise entre ce maximum et ce minimum, la fonction

$$gz - \frac{\theta_1}{2}\left(\frac{1}{R_1} + \frac{1}{R_2}\right) - K \tag{9}$$

est tantôt positive, tantôt négative. Donnons à λ une valeur nulle tout le long de la courbe de raccordement et des valeurs du même signe que la différence précédente en tout autre point de la surface. Ces valeurs peuvent toujours être choisies de manière que la condition (6) soit satisfaite. S'il en est ainsi, on aura

$$\int K\lambda d\sigma = 0$$

et par suite

$$\int\left[gz - \frac{\theta_1}{2}\left(\frac{1}{R_1} + \frac{1}{R_2}\right)\right]\lambda d\sigma = \int\left[gz - \frac{\theta_1}{2}\left(\frac{1}{R_1} + \frac{1}{R_2}\right) - K\right]\lambda d\sigma$$

Mais, par hypothèse, λ est toujours du même signe que la différence (9). Par conséquent, l'élément de cette dernière intégrale est positif, et cette intégrale ne peut s'annuler. Au contraire, la seconde intégrale de (5) est nulle, puisque la valeur de λ est zéro le long du contour d'intégration. La relation (5) ne peut donc être satisfaite, dans les conditions où nous nous sommes placés, pour toutes les valeurs de λ compatibles avec les liaisons. La condition (7) est donc nécessaire.

Supposons qu'elle est remplie, mais que (8) ne l'est pas. On peut toujours prendre pour λ des valeurs satisfaisant à (6) et telles que le long de la ligne de raccordement L le signe de ces valeurs soit en chaque point le même que celui de la quantité

$$\eta_1 - \frac{\theta_1}{2} - \frac{\theta_1}{2} \cos\varphi.$$

Alors la première intégrale de (5) est nulle, tandis que la seconde, dont l'élément est positif, a une valeur positive; par suite, la relation (5) n'est pas satisfaite.

Les conditions (7) et (8), jointes à la condition (6), sont donc nécessaires et suffisantes. La condition (7) n'est autre que l'équation de la surface libre du liquide; elle est identique à celle qu'avait trouvée Laplace.

De la condition (8) on déduit

$$\cos\varphi = \frac{2\eta_1 - \theta_1}{\theta_1},$$

ce qui montre que l'angle de raccordement est constant, résultat que la méthode de calcul de Laplace ne permettait pas d'obtenir.

23. Potentiel dû à un liquide de densité variable. — En 1831, l'année qui suivit la publication du mémoire de Gauss, Poisson faisait paraître sa *Nouvelle Théorie de l'action capillaire*, dans laquelle il reproche à Laplace de supposer constante la densité du liquide. Le même reproche s'applique à la théorie de Gauss.

Par des calculs pénibles, Poisson est parvenu à démontrer qu'il était impossible d'imaginer un système de molécules liquides en équilibre sous l'action de leurs attractions mutuelles sans que la densité variât, et que, si l'on tient compte de cette variation de densité, on retombe néanmoins sur l'équation de Laplace pour la surface libre avec cette seule différence que les deux constantes qui y entrent ont une signification plus complexe.

Fort heureusement il n'est pas nécessaire de reprendre l'analyse de Poisson pour arriver à ce résultat. Nous y parviendrons plus simplement.

Cherchons le potentiel d'un liquide de densité variable en un point M très voisin de sa surface libre S_1 (*fig.* 16). De ce point, abaissons la normale MP_1 sur la surface. Si l'on se déplace sur cette normale vers l'intérieur du liquide, la densité varie d'une manière continue dans le voisinage de la surface libre, puis prend une valeur constante.

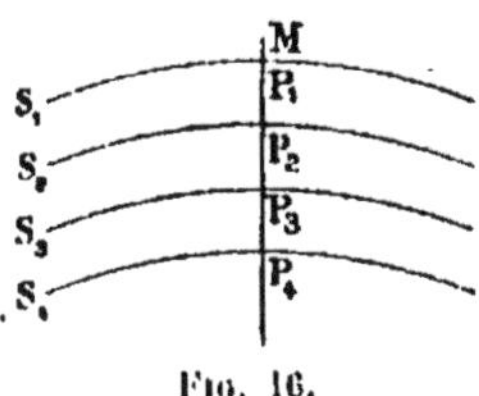

Fig. 16.

Par divers points P_2, P_3, P_4 de cette normale menons les surfaces d'égale densité S_2, S_3, S_4. Nous supposerons pour l'instant que la densité varie d'une façon discontinue, quand on traverse ces surfaces, et conserve une valeur constante dans l'espace compris entre deux d'entre elles.

Soient ρ_1, ρ_2, ρ_3 les valeurs de la densité entre S_1 et S_2, entre S_2 et S_3 et entre S_3 et S_4 ; au-delà de S_4 nous admettrons que la densité ρ_4 est constante. Nous pouvons supposer la couche de densité ρ_1 limitée par S_1, d'une part, mais s'étendant jusqu'à l'infini, d'autre part, à la condition d'ajouter une couche de densité uniforme $\rho_2 - \rho_1$ depuis S_2 jusqu'à l'infini, une autre de densité $\rho_3 - \rho_2$ depuis S_3 jusqu'à l'infini et enfin une couche de densité $\rho_4 - \rho_3$ depuis S_4 jusqu'à l'infini. La recherche de potentiel en M se trouve dès lors ramenée à celle du potentiel dû à divers volumes de densité constante.

Or, nous savons que le potentiel d'un liquide de densité constante et égale à 1 est

$$V = \theta(\varepsilon) - \theta_1(\varepsilon)\left(\frac{1}{R_1} + \frac{1}{R_2}\right).$$

Comme θ_1 est très petit par rapport à θ, nous pouvons négliger le second terme, et nous avons pour le potentiel d'un liquide de densité ρ

$$V = \rho\,\theta(\varepsilon).$$

Posons

$$MP_1 = \varepsilon, \qquad P_1P_2 = \zeta_1, \qquad P_1P_3 = \zeta_2, \qquad P_1P_4 = \zeta_3;$$

nous obtenons pour le potentiel en M

$$V = \rho_1\theta(\varepsilon) + (\rho_2 - \rho_1)\theta(\varepsilon + \zeta_1) + (\rho_3 - \rho_2)\theta(\varepsilon + \zeta_2) + (\rho_4 - \rho_3)\theta(\varepsilon + \zeta_4)$$

ou en posant

$$\rho_0 = 0, \qquad \zeta_0 = 0,$$

$$V = (\rho_1 - \rho_0)\,\theta(\varepsilon + \zeta_0) + (\rho_2 - \rho_1)\,\theta(\varepsilon + \zeta_1) + \ldots$$

ou encore

$$V = \sum(\rho_i - \rho_{i-1})\,\theta(\varepsilon + \zeta_{i-1}).$$

Par conséquent, si nous supposons maintenant que la densité varie d'une manière continue

$$V = \int d\rho\, \theta\,(\varepsilon + \zeta). \qquad (10)$$

Remarquons que la position du pied P_1 de la normale abaissée du point M peut être déterminée sur la surface S_1 à l'aide de deux coordonnées α et β. La position d'un point tel que P_2 dépend, en outre, de la valeur de la densité. Par conséquent, la quantité ζ_1, qui fixe la position de ce point, est une fonction de α, β et de la densité ρ du liquide.

24. Surface libre et angle de raccordement dans le cas d'une densité variable. — L'hydrostatique nous apprend que, dans un fluide en équilibre, les surfaces d'égale densité coïncident avec les surfaces d'égale pression. Or, nous avons trouvé (7), sans faire aucune hypothèse sur la densité, que la pression en un point d'un fluide pesant est donnée par l'égalité

$$p = V + gz + \text{const}.$$

Les surfaces d'égale pression et, par suite, les surfaces d'égale densité dans un fluide en équilibre ont donc pour équations

$$V + gz = \text{const}. \qquad (11)$$

Mais on peut négliger gz par rapport à V. Pour le faire voir, revenons au cas où la densité est constante ; on a alors

$$V = \theta\,(\varepsilon) - \theta_1\,(\varepsilon)\left(\frac{1}{R_1} + \frac{1}{R_2}\right)$$

et l'équation de la surface libre est

$$gz = \frac{\theta_1(o)}{2}\left(\frac{1}{R_1} + \frac{1}{R_2}\right).$$

Donc gz est, pour la surface libre, de l'ordre de $\theta_1(o)$, tandis que V est de l'ordre de θ. Quand on passe au cas d'une densité variable, l'ordre de grandeur de V ne peut changer sensiblement. De même pour les gz de la surface libre. Comme, d'ailleurs, la densité n'est variable que dans le voisinage de la surface libre, les gz des surfaces d'égale densité seront également du même ordre de grandeur. Par conséquent, on peut écrire les équations (11)

$$V = \text{const.}$$

Montrons qu'il est possible de satisfaire à cette condition en supposant les surfaces d'égale densité S_1, S_2, S_3, S_4 parallèles entre elles.

En effet, quand les surfaces sont parallèles, $\zeta_1, \zeta_2, \ldots$, ont la même valeur en tout point de ces surfaces et, par conséquent, ne dépendent pas des coordonnées α et β, ils ne dépendent que de ρ. Si donc le point M appartient à l'une de ces surfaces, ε sera constant et $\theta(\varepsilon + \zeta)$ ne dépendra que de ρ. Par suite, en effectuant l'intégration de (10) entre la valeur ρ_0 de la densité au point considéré et sa valeur constante 1 à une distance sensible de ce point, on obtiendra une constante. Le potentiel est donc constant le long des surfaces d'égale densité et la condition d'équilibre est satisfaite.

Ne connaissant pas la forme de la fonction θ, il nous est impossible de démontrer qu'il n'y a pas d'autre solution au problème. Nous l'admettrons sans démonstration.

Mais, si le potentiel V est une constante quand ε est constant, ce potentiel est, en général, une fonction de ε seulement. Elle devient nulle quand ε est fini, car dans ce cas $\varepsilon + \zeta$ est également fini et l'élément d'intégrale $\theta(\varepsilon + \zeta)\, d\rho$ est nul. Quand le point est intérieur au liquide et à une distance sensible de sa surface, ε est négatif et fini, et, comme ζ est toujours très petit, $\varepsilon + \zeta$ a une valeur finie négative. Or, nous avons démontré que $\theta(-\varepsilon) = A - \theta(\varepsilon)$; par conséquent, $\theta(\varepsilon + \zeta)$ se réduit à une constante, et il en est de même de l'intégrale V. En un mot, le potentiel V est une fonction de ε jouissant des mêmes propriétés que la fonction $\theta(\varepsilon)$ qui représentait le potentiel dans la théorie de Laplace et celle de Gauss. Comme, dans cette dernière théorie, il n'est fait usage que des propriétés de cette fonction, il est évident que nous arriverons aux mêmes conclusions que celles que nous avons trouvées, en remplaçant partout la fonction $\theta(\varepsilon)$ par la fonction $V = \theta'(\varepsilon)$. La surface libre et l'angle de raccordement sont donc donnés par les mêmes équations.

Nous reviendrons plus tard sur d'autres théories de la capillarité tout à fait indépendantes de l'hypothèse des forces centrales. Nous allons maintenant appliquer les résultats trouvés précédemment.

Nous observerons seulement pour le moment que la théorie, dite de la *tension superficielle*, conduit identiquement au même résultat que celle de Gauss et, par conséquent, que celle de Laplace.

Et, en effet, dans un déplacement virtuel quelconque, le travail de cette tension sera proportionnel à δS, c'est-à-dire qu'il aura précisément la même expression que le travail des attractions moléculaires dans les hypothèses de Laplace et de Gauss.

L'expérience ne peut donc décider entre la théorie de l'attraction et celle, plus récemment en faveur, de la tension. Tous les faits prévus par l'une seront, en effet, également prévus par l'autre.

CHAPITRE III

LAMES MINCES

25. La surface d'équilibre est minima. — Si nous plongeons un cadre formé de fils flexibles et de fils rigides dans un liquide, nous obtenons, en retirant le cadre du liquide, un système de lames minces limitées aux fils. Cherchons la surface d'équilibre de ces lames.

La condition générale de l'équilibre stable est que

$$gUz - \frac{\theta_1}{2}\Sigma + \left(\gamma_1 - \frac{\theta_1}{2}\right)S_1$$

soit un maximum. Le dernier terme de cette somme peut être négligé dans le cas qui nous occupe, car la surface de contact S_1 du liquide et des solides est proportionnelle à l'épaisseur de la lame qui est toujours excessivement petite. Le volume U est également proportionnel à cette épaisseur; par suite, il est également très petit et le premier terme peut être négligé par rapport au second, pourvu toutefois que $\frac{\theta_1}{2}$, qui représente ce qu'on appelle la tension superficielle du liquide, ne soit pas très petit.

La condition d'équilibre se réduit donc à celle-ci : $-\frac{\theta_1}{2}\Sigma$ doit être maximum ; ou encore : Σ doit être minimum. Or, dans le cas d'une seule lame, la surface libre Σ se compose des deux faces de la lame dont les surfaces sont très sensiblement égales, si l'épaisseur est très petite. Par conséquent, pour qu'il y ait équilibre stable, il suffit que la surface $\frac{\Sigma}{2}$ de l'une de ces faces soit minima.

Cette conclusion peut être facilement vérifiée expérimentalement par l'expérience suivante due à Van der Mensbrugghe. On plonge dans le liquide, le liquide glycérique de Plateau, par exemple, un cerceau métallique ABC (*fig.* 17) soutenu par trois fils. On retire le cerceau et sur la lame plane obtenue on place avec précaution un anneau de fil de coton fin préalablement mouillé avec le même liquide. Ce fil prend une forme quelconque ; mais, si l'on vient à crever la lame au milieu de l'anneau qu'il forme, le fil se tend brusquement et devient circulaire. Or, de toutes les courbes de même périmètre, la circonférence est celle qui limite la plus grande surface. L'aire comprise entre la circonférence D et le contour de l'anneau métallique est donc minima lorsque le liquide est en équilibre.

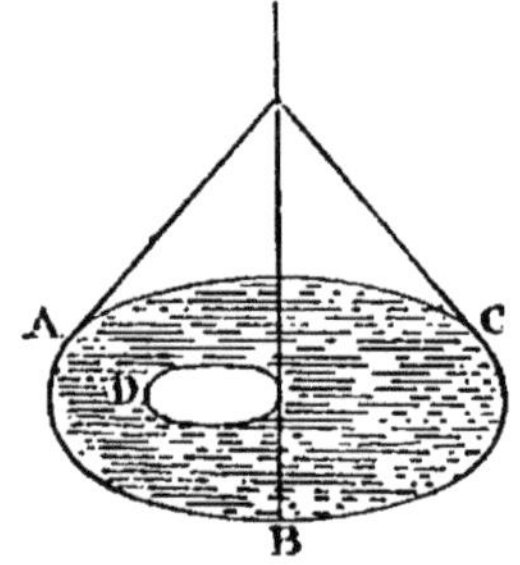

FIG. 17.

26. La courbure moyenne de la surface doit être nulle dans l'état d'équilibre. — Soit AMB (*fig.* 18) l'une des faces de la lame liquide. Menons une surface $A_1M'B_1$ très voisine et parallèle. Si AMB est une surface minima, les aires AMB et $A_1M'B_1$ doivent être égales aux infiniment petits du second ordre près. Menons par le contour de AB des normales à cette surface ; ces normales découpent dans la surface $A_1M'A_1$ une aire Σ' et, si l'on désigne par Σ'' l'aire annulaire comprise entre la ligne A'B' et la ligne A_1B_1, la condition précédente s'exprime par

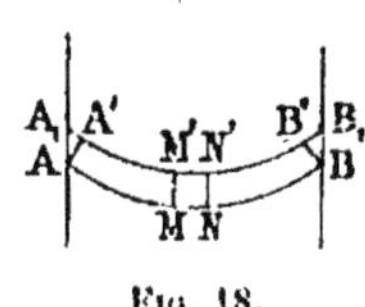

Fig. 18.

$$\Sigma' + \Sigma'' = \Sigma.$$

Or, nous avons trouvé précédemment (**21**)

$$\Sigma' - \Sigma = \int \lambda \left(\frac{1}{R_1} + \frac{1}{R_2}\right) d\sigma,$$

$$\Sigma'' = \int \lambda \frac{\cos\varphi}{\sin\varphi} ds,$$

λ étant la longueur de la normale, $d\sigma$ l'aire d'un élément MN de la surface AB, ds la longueur d'un élément de la courbe de raccordement de AB, et φ l'angle de raccordement. Par conséquent, on doit avoir

$$\int \lambda \left(\frac{1}{R_1} + \frac{1}{R_2}\right) d\sigma + \int \lambda \cot\varphi \, ds = 0.$$

et, puisque cette condition doit être satisfaite, quel que soit λ, il faut que :

$$\frac{1}{R_1} + \frac{1}{R_2} = 0,$$

$$\cot\varphi = 0.$$

Les deux rayons de courbure principaux de la surface doivent donc être égaux et de signes contraires. Les surfaces jouissant de cette propriété ont reçu la dénomination générale de surfaces minima.

L'égalité $\cot \varphi = o$ exprime que l'angle de raccordement doit être droit. Mais, comme la direction du plan tangent à un fil est quelconque, cette condition revient à dire que la surface passe par le fil.

En résumé, le problème proposé consiste à déterminer la surface minima passant par un contour donné.

27. L'hélicoïde est une surface d'équilibre. — Soit OM (*fig.* 19) une droite perpendiculaire à OZ assujettie à se mouvoir en s'appuyant constamment sur OZ et sur une hélice AB tracée sur un cylindre de révolution ayant OZ pour axe. La surface engendrée par OM est un hélicoïde. Pour montrer que c'est une surface minima, il suffit de faire voir qu'il existe en chaque point deux lignes asymptotiques perpendiculaires entre elles. Or, l'une des lignes asymptotiques en M est évidemment la droite OM elle-même, toute génératrice rectiligne d'une surface étant toujours une ligne asymptotique. L'autre est l'hélice AB, car on peut définir les lignes asymptotiques en disant que leur plan osculateur se confond avec le plan tangent à la surface. Or, le plan osculateur à une hélice est toujours normal au cylindre sur lequel cette hélice est tracée. Il passe donc par la droite OM, et, comme il passe aussi par la tangente à l'hélice, il se confond avec le plan

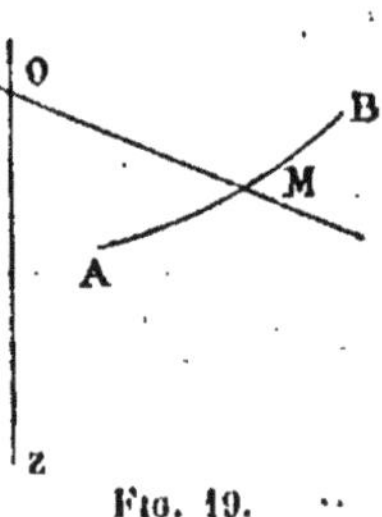

FIG. 19.

tangent à l'hélicoïde. Comme ces deux lignes sont perpendiculaires, puisque le cylindre est de révolution, la surface est bien une surface minima.

M. Schwarz a pu réaliser expérimentalement cette surface d'équilibre. Pour cela, il tend un fil suivant l'axe AB (*fig.* 20) d'un cylindre de verre au moyen de deux fils métalliques CD et EF s'appuyant sur les bases du cylindre. Ces deux fils étant parallèles, il forme une lame plane s'appuyant sur les trois fils AB, CD, EF. En tournant CD, la lame se déforme et engendre une surface ECDF passant par AB et coupant normalement la surface du cylindre. Cette surface est un hélicoïde.

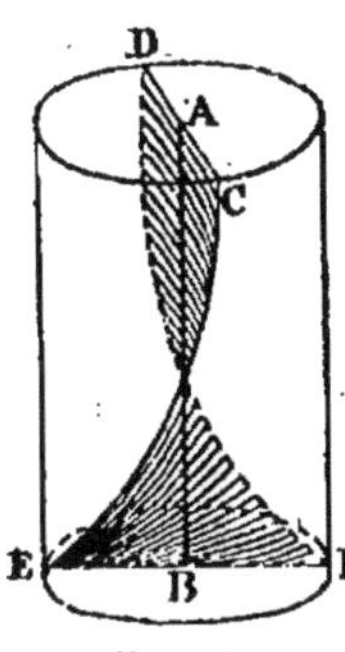

FIG. 20.

Avec quelques précautions on peut obtenir ainsi une surface à plusieurs spires. Si on supprime le fil vertical AB, l'hélicoïde n'en reste pas moins une surface d'équilibre, mais alors l'équilibre n'est plus stable et il est impossible d'obtenir expérimentalement une surface à plusieurs spires. M. Schwarz a même constaté que si, après avoir formé une telle surface à l'aide du fil central, on coupe ce fil, la lame hélicoïdale disparait et se transforme en deux lames planes fermant les bases du cylindre de verre.

28. Le caténoïde est une surface d'équilibre. — Cherchons la forme de la surface d'équilibre d'une lame liquide s'appuyant sur deux circonférences A et A′ (*fig.* 21) dont les plans sont perpendiculaires à la droite OO′ qui joint leurs centres.

Cette surface doit être de révolution autour de OO′. L'un des rayons de courbure principaux au point M est alors le rayon MN de la circonférence d'intersection de la surface par un plan perpendiculaire à l'axe OO′; l'autre est le rayon de courbure MC de la courbe méridienne AMA′ de la surface. La forme de cette courbe doit donc être telle que l'on ait MN = MC, et en exprimant cette condition on aura l'équation de cette courbe.

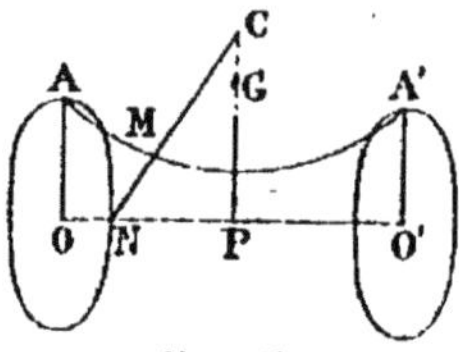

Fig. 21.

Mais il est plus simple d'écrire que la surface engendrée par cette courbe doit être minimum.

En effet, soient l la longueur de la courbe et GP la distance de son centre de gravité G à l'axe OO′. D'après le théorème de Guldin, la surface engendrée par cette courbe est $2\pi l.\text{GP}$. Il faut comparer la méridienne AMA′ de la surface d'équilibre à d'autres courbes passant par les points A et A′ et pour lesquelles le produit $l.\text{GP}$ doit être plus grand que pour la courbe AMA′. Mais nous pouvons nous borner à faire la comparaison avec celles de ces courbes qui ont même longueur l que la courbe AMA′. Le minimum de notre produit a lieu en même temps que celui de GP pour des courbes de même longueur l. Par conséquent, la courbe cherchée est celle pour laquelle le centre de gravité est le plus rapproché de OO′, c'est-à-dire le plus bas possible si l'on suppose la courbe AMA′ dans un plan vertical. Or, c'est ce qui arrive pour une ligne pesante soumise à l'action de la pesanteur, et la forme de cette ligne est une chaînette. En tournant autour de OO′, cette chaînette engendre une surface que l'on appelle caténoïde.

Le caténoïde est donc une surface d'équilibre d'une lame mince.

29. Sur la stabilité de l'équilibre. — Pour que l'équilibre soit stable, il faut que l'énergie potentielle passe par un minimum relatif. Par conséquent, la condition de la stabilité de l'équilibre est que la surface Σ soit un minimum relatif. Or, en exprimant que la courbure moyenne d'une surface est nulle, nous écrivons seulement que la variation du premier ordre est nulle. Pour qu'il y ait minimum relatif, il faut, en outre, que la variation seconde soit également nulle. Il y a une discussion assez délicate qui a été faite de la façon la plus élégante par M. Schwarz.

La considération des lignes géodésiques va nous servir d'exemple simple pour nous aider à comprendre l'esprit de la méthode.

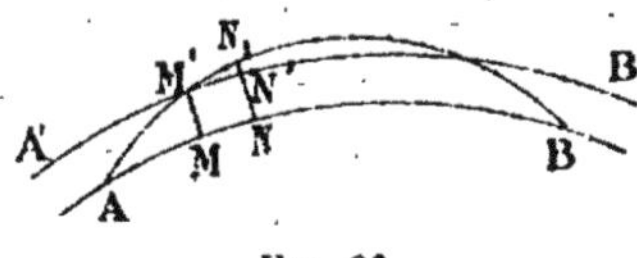

Fig. 22.

Soit AMB (*fig.* 22) une ligne géodésique d'une surface. S'il est possible de mener une ligne géodésique très voisine A'M'B' ne coupant pas la première, AMB est un minimum relatif.

En effet, considérons une ligne quelconque AM'B tracée sur la surface et aboutissant aux points A et B. Cette ligne rencontre la ligne géodésique A'M'B' voisine de AB en un point M'. Menons par M' une trajectoire orthogonale coupant AB au point M et par un point N infiniment voisin de M menons une seconde trajectoire orthogonale. Celle-ci rencontre la ligne géodésique A'M'B' en N', et les deux segments MN et M'N' sont égaux. Le segment correspondant $M'N_1$ de la courbe AM'B est plus grand que M'N', puisque le petit triangle $M'N'N_1$ est rectangle en N'. Par conséquent, à chaque élément de la ligne géodésique AMB correspond un élément de plus grande longueur de la ligne AM'B et celle-ci est plus grande que la première. La ligne géodésique est donc bien un minimum relatif.

Les surfaces minima présentent une propriété analogue. Avant de l'établir, montrons que, si on trace un tube coupant orthogonalement une série de surfaces minima, les aires des sections de ces surfaces par le tube sont égales entre elles.

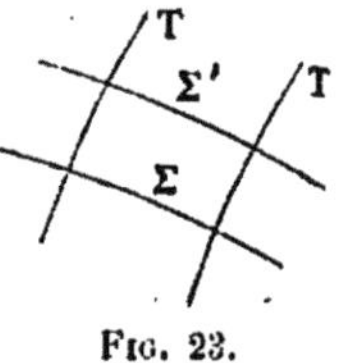

Fig. 23.

En effet, si Σ et Σ' sont deux surfaces minima voisines coupées par le même tube T (*fig.* 23), la différence des aires Σ' et Σ des sections est, d'après un raisonnement général déjà fait

$$\Sigma' - \Sigma = \int \lambda \left(\frac{1}{R_1} + \frac{1}{R_2}\right) d\sigma + \int \lambda \operatorname{cotg} \varphi \, ds.$$

Or, la première intégrale est nulle, puisque la surface Σ est une surface minima et que, par suite, son rayon de courbure moyen est constant. La seconde est également nulle, car φ désigne l'angle de la tangente à la surface Σ avec la tangente à la surface du tube. Comme ces deux surfaces se coupent orthogonalement, cet angle est droit et cotg φ devient nul. Par suite, les aires Σ et Σ' sont égales.

Montrons maintenant que, si une surface minima AMB (*fig.* 22) se trouve dans une région où les surfaces minima voisines ne se coupent pas, l'aire de cette surface est plus petite que celle de toute autre surface AM'B limitée au même contour que AB.

Pour cela, menons par un élément MN de la surface AB un tube coupant orthogonalement cette surface. Il découpe dans la surface AM'B un élément $M'N_1$ et dans une surface minima A'M'B' voisine de AMB un élément M'N' dont l'aire est égale à celle de MN d'après ce qui précède. Le volume $M'N'N_1$ peut être considéré comme un cylindre à bases parallèles dont M'N' est la section droite. Par suite, l'aire de $M'N_1$ est plus grande que celle de M'N' ou de l'élément égal MN. Comme les surfaces minima voisines de AMB ne se coupent pas, par hypothèse, à tous les éléments de AMB correspondent des éléments de AM'B, dont l'aire est plus grande. Par conséquent, l'aire de la surface AMB est plus petite que celle de toute autre surface limitée au même contour.

Nous arrivons donc à cette conclusion qu'une surface à courbure moyenne nulle est une surface d'équilibre stable quand on peut construire des surfaces de courbure moyenne nulle infiniment voisines de cette surface et qui ne la coupent pas.

30. Équilibre instable. — Lorsque, au contraire, les surfaces de courbure moyenne nulle voisines de la surface d'équilibre coupent celle-ci, l'aire n'est pas un minimum et l'équilibre n'est pas stable.

Pour démontrer cette propriété commençons, comme précédemment, par la considération des lignes géodésiques.

Soit AMB (*fig.* 24) une ligne géodésique coupée en A et B par une autre ligne géodésique AM'B. Ces deux lignes ont des longueurs différentes et la différence de ces longueurs est infiniment petite du troisième ordre, si l'on considère comme infiniment petite du premier ordre la distance de deux points M et M' des deux lignes.

En effet, nous pouvons caractériser une ligne géodésique passant par A en prenant pour paramètre l'angle que fait la ligne avec une droite quelconque menée par A. La longueur de la ligne est alors une certaine fonction du paramètre. En appelant α et $\alpha + d\alpha$ les valeurs du paramètre correspondant aux deux lignes AMB et AM'B, nous avons pour les longueurs respectives de ces lignes

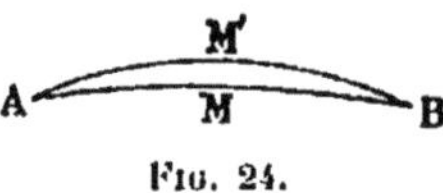

Fig. 24.

$$f(\alpha) \qquad \text{et} \qquad f(\alpha + d\alpha).$$

La différence de ces longueurs est donc

$$f(\alpha + d\alpha) - f(\alpha) = f'(\alpha)\, d\alpha + f''(\alpha) \frac{d\alpha^2}{1.2} + f'''(\alpha) \frac{d\alpha^3}{1.2.3} + \cdots$$

Mais, puisque les courbes considérées sont des lignes géodésiques, on a

$$f'(\alpha) = 0 \qquad f'(\alpha + d\alpha) = 0$$

et de ces deux égalités on déduit

$$f''(\alpha) = 0.$$

Par conséquent, la différence de longueur des lignes géodésiques aboutissant en A et en B se réduit à

$$f(\alpha + d\alpha) - f(\alpha) = f'''(\alpha) \frac{d\alpha^3}{1.2.3} + \ldots\ldots;$$

elle est bien du troisième ordre.

Montrons que, lorsqu'une ligne géodésique AMB (*fig.* 25) et les courbes géodésiques voisines se coupent, la ligne AMB n'est pas le plus court chemin pour aller de A en B.

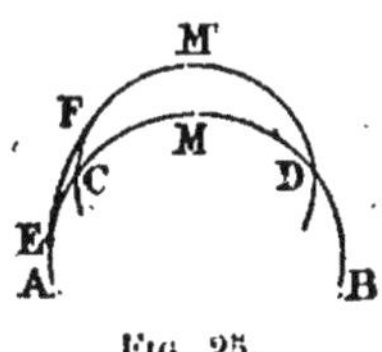

Fig. 25.

En effet, si CM'D est une courbe géodésique coupant AMB, les longueurs CMD et CM'D ne diffèrent que par une quantité infiniment petite du troisième ordre. En négligeant cette quantité on a

$$\text{CMD} = \text{CM'D}$$

et

$$\text{ACMDB} = \text{ACM'DB}.$$

Joignons un point quelconque E du premier chemin à un point quelconque F du second par une ligne géodésique; sa longueur est plus courte que le chemin ECF et en diffère d'une quantité infiniment petite du second ordre. Par conséquent

$$\text{ACM'DB} > \text{AEFM'DB},$$

ou, d'après l'égalité précédente,

$$\text{ACMDB} > \text{AEFM'DB},$$

ce qui démontre la proposition énoncée.

Passons maintenant aux surfaces. On démontrerait par un raisonnement analogue à celui employé pour les lignes géodésiques que, si deux surfaces minima infiniment voisines sont limitées par un même contour, les aires de ces surfaces ne diffèrent que par une quantité infiniment petite du troisième ordre.

Admettons ce résultat et considérons une surface minima

S limitée par une courbe L et coupée suivant L' par une autre surface minima voisine S' (L' sera un contour fermé intérieur au contour L). D'après ce qui précède, les aires limitées par L' et appartenant l'une à S, l'autre à S', peuvent être considérées comme égales si l'on néglige les infiniment petits du troisième ordre. Par suite, l'aire S de la surface minima S limitée par L est égale à l'aire S' comprise entre L et L', augmentée de l'aire S' limitée par L' et appartenant à S'. Traçons sur la surface S un contour L_1 intérieur à L, mais extérieur à L', et sur la surface S' un contour L'_1 intérieur à L'. Par les deux courbes L_1 et L'_1 faisons passer une surface minima Σ, dont je désigne aussi l'aire par Σ et qui sera annulaire et limitée par les deux contours L_1 et L'_1.

J'appelle alors S_1 l'aire de la portion de S comprise entre L et L_1, S_2 l'aire de la portion de S comprise entre L_1 et L', S_3 l'aire de la portion intérieure à L'.

J'appelle S'_1 l'aire de la portion de S' comprise entre L' et L'_1, et S'_2 l'aire de la portion de S' intérieure à L'_1.

On aura alors aux infiniment petits près du troisième ordre

$$S_3 = S'_1 + S'_2.$$

D'autre part

$$\Sigma < S_2 + S'_1.$$

Donc

$$S_1 + S_2 + S_3 > S_1 + \Sigma + S'_2.$$

Ainsi $S_1 + S_2 + S_3$, c'est-à-dire l'aire totale de S, sera plus grande que l'aire $S_1 + \Sigma + S'_2$, limitée comme elle par le contour L. L'aire de cette surface n'est donc pas minima et l'équilibre n'est pas stable.

Par conséquent, une surface d'équilibre correspondra à un équilibre instable si cette surface minima peut être coupée par une surface minima voisine.

31. Au caténoïde peut correspondre un équilibre stable ou un équilibre instable. — Cherchons s'il existe une surface minima infiniment voisine du caténoïde et coupant celui-ci ; comme surface minima, nous pouvons prendre un caténoïde ayant même axe, et le problème revient à chercher si une chaînette peut être coupée en deux points par une chaînette infiniment voisine.

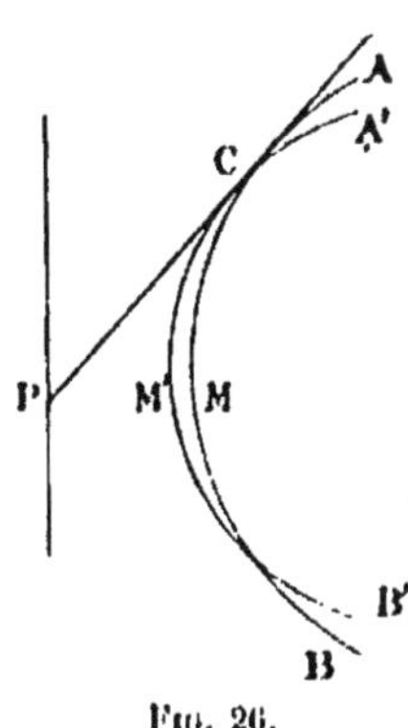

Fig. 26.

Si nous pouvons mener un arc de chaînette A'M'B' infiniment voisin de AMB et ne coupant pas AMB, la révolution de ces deux arcs de chaînette engendrera deux caténoïdes, c'est-à-dire deux surfaces minima infiniment voisines et ne se coupant pas ; l'équilibre sera stable.

Si, d'autre part, nous pouvons mener un arc de chaînette A'M'B' infiniment voisin de AMB et coupant AMB en deux points C et D (*fig.* 26 où le lecteur est prié d'ajouter la tangente PD qui a été omise), les deux caténoïdes se couperont suivant deux circonférences qui seront les parallèles de C et de D. L'ensemble des deux parallèles formera un contour fermé L' intérieur au contour L qui limite le caténoïde AMB et qui se compose des parallèles de A et de B. L'équilibre sera instable.

Soit AMB un arc de chaînette. Comme chaînette infiniment voisine prenons une chaînette homothétique ayant un point P de l'axe pour pôle et pour rapport d'homothétie $1-\varepsilon$. Si du point P on peut mener deux tangentes PC et PD à la chaînette AMB, ces droites seront également tangentes à la chaînette homothétique A'M'B', et ces courbes, qui sont infiniment voisines, se couperont aux point de contact C et D. Inversement, si les deux chaînettes se coupent, le point de rencontre sera très voisin des deux points de contact d'une tangente PC commune aux deux courbes. La stabilité de l'équilibre d'un caténoïde dépend donc de la possibilité de trouver sur l'axe un point d'où l'on puisse ou d'où l'on ne puisse pas mener deux tangentes à la chaînette génératrice.

S'il existe un point P d'où l'on puisse mener deux tangentes à l'arc AMB, l'équilibre sera instable ; s'il existe un point P d'où l'on ne puisse mener aucune tangente à l'arc AMB, cet arc ne rencontrera pas ses homothétiques par rapport au point P, et l'équilibre sera stable.

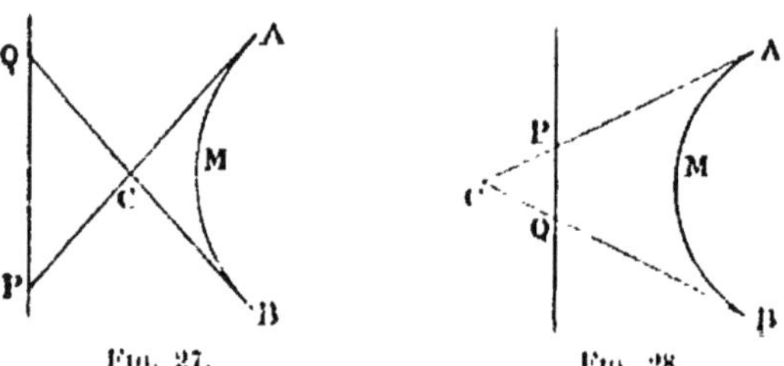

Fig. 27. Fig. 28.

Les deux cas peuvent se présenter. Si les tangentes aux extrémités A et B de la chaînette se coupent en un point C (*fig.* 27) situé entre l'axe et la chaînette, il ne sera pas possible de mener de tangente à la courbe d'un point pris entre

P et Q. Par conséquent, il existera des chaînettes infiniment voisines ne coupant pas AMB, et l'équilibre sera stable.

Mais, si les tangentes en A et B se coupent au-delà de l'axe (*fig.* 28), par tous les points de l'axe compris entre P et Q il sera possible de mener deux tangentes à AMB, et l'équilibre sera instable.

Le passage de l'état d'équilibre stable à l'état d'équilibre instable a lieu quand les tangentes aux extrémités de la chaînette se coupent sur l'axe.

M. Schwarz, en opérant avec un liquide glycérique, a pu vérifier expérimentalement ces conclusions. Quand l'équilibre cesse d'être stable, le caténoïde correspondant disparaît, et le liquide forme deux lames planes circulaires passant par les contours de deux circonférences rigides.

32. Les surfaces de Riemann. — Dans un Mémoire important, le géomètre Riemann a déterminé les surfaces minima passant par un contour donné. La plus grande partie de son mémoire est consacrée au cas où la surface est limitée par un polygone gauche dont tous les côtés sont rectilignes. Dans ses *Leçons sur la théorie générale des surfaces*, M. Darboux expose la méthode de Riemann et les résultats qu'il a obtenus dans le cas que nous venons d'indiquer (1).

Mais il est un cas étudié par Riemann et que M. Darboux ne fait que signaler (2). C'est celui où le contour est formé de deux cercles dont les plans sont parallèles et non perpendiculaires à la droite qui joint leurs centres. Les consé-

(1) Livre III, chapitre x : *le Problème de Plateau*.
(2) Note de la page 426.

quences de l'étude de Riemann paraissant susceptibles d'une vérification expérimentale, nous allons les exposer.

Prenons pour plan des yz un plan parallèle aux plans des deux cercles et pour plan des xy un plan contenant la droite qui joint leurs centres. L'équation de la surface, qui est évidemment symétrique par rapport au plan des xy, sera de la forme

$$F = (y + \alpha)^2 + z^2 + \beta = 0$$

Pour exprimer que cette surface est minima cherchons l'équation des inverses des rayons de courbure.

En un point M (x, y, z) de la surface menons une normale MP. Les cosinus directeurs de cette droite sont proportionnels aux dérivées

$$X = \frac{dF}{dx}, \qquad Y = \frac{dF}{dy}, \qquad Z = \frac{dF}{dz}.$$

Par conséquent, si nous posons

$$u = \frac{MP}{\sqrt{X^2 + Y^2 + Z^2}}$$

les coordonnées du point P seront

$$x + uX, \quad y + uY, \quad z + uZ.$$

En un point M' infiniment voisin de M menons une normale M'P'. Les coordonnées du point P' seront

$$x+uX+d(x+uX), \quad y+uY+d(y+uY), \quad z+uZ+d(z+uZ).$$

Si l'on suppose que les points M et M' se trouvent sur une même ligne de courbure de la surface, et que P et P' soient les centres de courbures correspondants à M et M', les coordonnées de P et de P' ne différeront que par des quantités du troisième ordre. En les négligeant il vient

$$d(x + uX) = d(y + uY) = d(z + uZ) = 0$$

u désignant alors le rayon de courbure en M au facteur près $\sqrt{X^2 + Y^2 + Z^2}$.

En développant la première de ces équations, nous avons

$$dx + u\,dX + X\,du = 0,$$

ou

$$\frac{1}{u}\,dx + dX + X\,\frac{du}{u} = 0.$$

Posons

$$X_x = \frac{d^2F}{dx^2}, \qquad X_y = \frac{d^2F}{dx\,dy}, \qquad X_z = \frac{d^2F}{dx\,dz}, \;\ldots;$$

nous aurons

$$dX = X_x\,dx + X_y\,dy + X_z\,dz,$$

et par conséquent l'équation précédente deviendra

$$\left(\frac{1}{u} + X_x\right)dx + X_y\,dy + X_z\,dz + X\,\frac{du}{u} = 0.$$

On aura de la même manière pour les deux autres équations

$$Y_x\,dx + \left(\frac{1}{u} + Y_y\right)dy + Y_z\,dz + Y\,\frac{du}{u} = 0,$$

$$Z_x\,dx + Z_y\,dy + \left(\frac{1}{u} + Z_z\right)dz + Z\,\frac{du}{u} = 0.$$

A ces trois équations ajoutons la suivante

$$X\,dx + Y\,dy + Z\,dz = 0$$

qui exprime que les deux points M et M' sont sur la surface $F = 0$.

Pour que ces équations puissent être satisfaites pour des valeurs de dx, dy, dz, du différentes de zéro, il faut que leur déterminant soit nul, c'est-à-dire que l'on ait

$$\begin{vmatrix} \frac{1}{u} + X_x & X_y & X_z & X \\ Y_x & \frac{1}{u} + Y_y & Y_z & Y \\ Z_x & Z_y & \frac{1}{u} + Z_z & Z \\ X & Y & Z & 0 \end{vmatrix} = 0.$$

Cette équation du second degré en $\frac{1}{u}$ détermine les rayons de courbure en M. Pour que la surface soit minima il faut que la somme des racines de cette équation soit nulle, ce qui donne la condition

$$\begin{vmatrix} X_x & X_y & X \\ Y_x & Y_y & Y \\ X & Y & 0 \end{vmatrix} + \begin{vmatrix} X_x & X_z & X \\ Z_x & Z_z & Z \\ X & Z & 0 \end{vmatrix} + \begin{vmatrix} Y_y & Y_z & Y \\ Z_y & Z_z & Z \\ Y & Z & 0 \end{vmatrix} = 0.$$

Dans le cas qui nous occupe, nous avons par suite de la forme de l'équation de la surface

$$X = 2\alpha'(y + \alpha) + \beta', \quad Y = 2(y + \alpha), \quad Z = 2z,$$
$$X_x = 2\alpha''(y + \alpha) + 2\alpha'^2 + \beta'', \quad X_y = 2\alpha' \quad X_z = 0,$$
$$Y_x = 2\alpha', \quad Y_y = 2, \quad Y_z = 0, \quad Z_x = 0, \quad Z_y = 0, \quad Z_z = 2.$$

Si nous tenons compte de ces relations l'équation précédente se réduit à

$$2XYX_y - X^2Y_y - Y^2X_x - Z^2X_x - X^2Z_z - Z^2Y_y - Y^2Z_z = 0,$$

ou

$$4X(\alpha'Y - X) - (Y^2 + Z^2)(X_x + 2) = 0,$$

ou encore à

$$4X(\alpha'Y - X) - 4[(y + \alpha)^2 + z^2](X_x + 2) = 0.$$

X est du premier degré en y ; le coefficient $\alpha'Y - X$ ne contient pas cette variable ; par suite, le premier terme de cette équation est du premier degré en y. $X_x + 2$ est du premier degré en y ; le coefficient $(y + \alpha)^2 + z^2$ est du degré zéro, car, d'après l'équation de la surface $F = 0$, ce coefficient est égal à $-\beta$. Par conséquent, l'équation précédente est de la forme

$$Ay + B = 0$$

A et B étant des fonctions de x seulement.

Pour qu'elle soit satisfaite, quelque soit le point considéré, il faut que l'on ait séparément

$$A = 0, \qquad B = 0,$$

équations différentielles qui permettent de trouver α et β.

Il existe donc bien une surface minima passant par les deux cercles, et, d'après son équation, toute section par un plan parallèle à ceux de ces cercles est une circonférence ; c'est là une conséquence facilement accessible à l'expérience.

Riemann a fait le calcul des fonctions α et β; il exige l'emploi des intégrales elliptiques.

33. Remarques. — Pour démontrer que la surface libre d'une lame mince en équilibre est une surface à courbure moyenne nulle, nous avons exprimé que, d'après la théorie de Gauss,

$$gUz - \frac{\theta_1}{2}\Sigma + \left(\eta_1 - \frac{\theta_1}{2}\right)S_1$$

doit être maximum. Nous aurions pu trouver tout aussi simplement cette condition d'équilibre en partant de l'équation de la surface libre obtenue par Laplace,

$$gz - \frac{\theta_1}{2}\left(\frac{1}{R_1} + \frac{1}{R_2}\right) = \text{const.}$$

Considérons, en effet, deux points M et M_1 (*fig.* 29) ayant le même z des deux faces d'une lame mince. D'après l'équation précédente $\frac{1}{R_1} + \frac{1}{R_2}$ doit avoir la même valeur en ces points.

Mais, d'autre part, M et M_1 étant très voisins, puisque la lame est mince, les rayons de courbures principaux en ces points doivent avoir sensiblement la même valeur absolue. Comme ils sont de signes différents, puisque l'un des points est sur la face concave, l'autre sur la face convexe, il en résulte que, quand on passe de M en M_1, la somme des inverses des rayons de courbure doit changer de signe, sans que sa valeur absolue varie sensiblement.

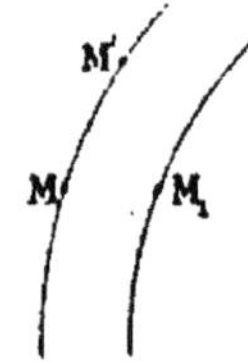

Fig. 29.

Cette conclusion n'est compatible avec celle qui précède que si la somme des inverses des rayons de courbure est nulle ou très petite.

Examinons cette analyse de plus près. Nous avons du côté convexe

$$(1) \qquad gz - \frac{\theta_1}{2}\left(\frac{1}{R_1} + \frac{1}{R_2}\right) = C,$$

C étant une constante, et du côté concave

$$(2) \qquad gz' - \frac{\theta_1}{2}\left(\frac{1}{R'_1} + \frac{1}{R_2}\right) = C'.$$

Si nous comparons les valeurs des diverses quantités aux points M et M_1, nous voyons que $z = z'$, $R'_1 = -R_1$, $R'_2 = -R_2$, et de plus que $C = C'$, puisque la pression doit être la même des deux côtés, de sorte que l'équation (2) devient

$$(3) \qquad gz + \frac{\theta_1}{2}\left(\frac{1}{R_1} + \frac{1}{R_2}\right) = C.$$

En retranchant (1) de (3) il reste

$$(4) \qquad \theta_1\left(\frac{1}{R_1} + \frac{1}{R_2}\right) = o.$$

C'est la condition à laquelle nous sommes arrivés précédemment; mais elle n'est qu'une combinaison de (1) et de (3). Si nous voulions satisfaire à la fois à (1) et à (3), cela serait, en général, impossible; on pourrait y arriver approximativement si θ_1 était très grand, parce que les termes gz et C deviendraient négligeables. Ceci nous montrerait qu'une forte tension superficielle est une bonne condition pour la conservation des lames minces.

34. Mais ce n'est pas là la véritable explication. Supposons, par exemple, un cadre plan et vertical; la forme d'équilibre d'une lame mince sera limitée par deux plans verticaux et parallèles. Si on imprime à la lame un déplacement très petit de telle façon que les deux surfaces limites restent deux surfaces parallèles, le travail de la pesanteur sera négligeable ainsi que celui des forces capillaires; c'est ce que nous avons montré plus haut, mais nous pouvons envisager d'autres déplacements virtuels infiniment petits.

Imaginons, par exemple, qu'après ce déplacement le liquide soit limité par deux plans faisant avec la verticale des angles très petits, mais en sens contraire, de telle façon que la lame soit plus mince en haut qu'en bas. *Le travail virtuel de la pesanteur sera alors positif.*

Il semble donc que l'équilibre ne puisse se maintenir. Mais, pour que la lame pût ainsi s'amincir dans la partie supérieure et s'épaissir dans la partie inférieure, il faudrait que les diverses couches liquides glissassent les unes sur les autres. L'expérience prouve qu'avec certains liquides ce glissement ne se produit qu'avec une extrême lenteur. Le liquide semble éprouver une résistance considérable analogue à la viscosité; ce n'est pas toutefois la viscosité ordinaire; elle est plus grande et suit d'autres lois; on pourrait l'appeler la *viscosité superficielle.*

Cette viscosité superficielle, signalée par Plateau, est encore mal étudiée. Nous en verrons d'autres effets au chapitre v.

Cette résistance entre en jeu toutes les fois que des glissements se produisent dans la partie superficielle d'un liquide. Elle s'oppose à ces glissements; elle s'oppose donc à ce que les deux surfaces qui limitent une lame mince, supposées primitivement parallèles, cessent de l'être; ou, plus généralement, elle s'oppose aux variations de l'angle très petit que font entre eux les plans tangents en deux points correspondants de ces deux surfaces.

L'existence de cette force ne change pas, d'ailleurs, l'analyse qui précède. Pour que l'équilibre subsiste *longtemps*, il suffit que le travail virtuel soit nul *pour tous les déplacements qui n'entraînent pas de résistance visqueuse;* cette résistance, lorsqu'elle est très grande, agit donc à la façon d'une *liaison*, et tout se passe comme si la lame était assujettie à rester limitée par deux surfaces parallèles, et, pour avoir les conditions de l'équilibre stable, il suffit d'exprimer que l'énergie potentielle est minimum en tenant compte de cette liaison. C'est ce que nous avons fait dans ce chapitre.

Certains liquides, comme l'eau de savon et le liquide glycérique de Plateau, ont une grande viscosité superficielle. C'est ce qui explique la persistance des lames formées par ces liquides.

35. Avant d'abandonner l'étude des lames minces, expliquons pourquoi une lame ne se crève pas spontanément et pourquoi elle disparaît complètement quand on la crève.

Pour que la lame ABCD (*fig.* 30) se crevât spontanément, un trou très petit EFGH devrait commencer par se former, et la surface libre A deviendrait AEFCBGHD. Cette surface étant plus grande que la surface primitive ABCD et l'énergie potentielle étant proportionnelle à la surface, cela ne pourrait se faire sans dépense de travail; le trou ne pourra se former de lui-même.

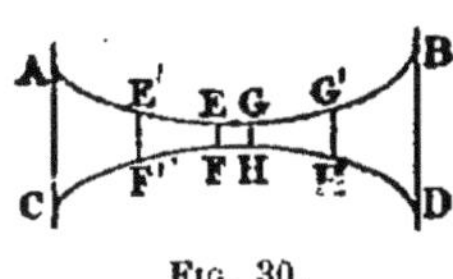

Fig. 30.

Mais, une fois le trou produit par une cause artificielle, il tend à s'agrandir, car la surface libre

$$AE'F'C + BG'H'D$$

correspondant au grand trou (E'F'G'H') est plus petite que la surface libre AEFC + BGHD correspondant au petit trou (EFGH).

CHAPITRE IV

LES EXPÉRIENCES DE PLATEAU

36. Condition d'équilibre d'une goutte d'huile. — Dans ses célèbres expériences, Plateau s'est servi le plus souvent d'une masse d'huile placée dans de l'eau alcoolisée de même densité et maintenue par deux disques circulaires, ou deux anneaux métalliques de même rayon.

Pour trouver la condition d'équilibre de la masse d'huile, il nous suffit, d'après Gauss, d'écrire que l'énergie potentielle du système, formé par l'huile et l'alcool, est minimum ou maximum.

Or, les forces qui agissent sur ce système sont la pesanteur et les actions capillaires. Le centre de gravité du système ne se déplace pas, quelle que soit la déformation de l'huile, puisque le liquide qui l'entoure a même densité qu'elle. Par suite, le travail de la pesanteur est nul, et il n'y a pas lieu de tenir compte de cette force dans la variation de l'énergie potentielle.

Les actions capillaires sont de plusieurs sortes. Ce sont les attractions :

1° Des disques ou des anneaux sur l'huile;

2° De l'huile sur elle-même ;

3° De l'eau alcoolisée sur elle-même ;

4° De cette eau sur l'huile ;

5° De cette eau sur le cadre ;

en négligeant les actions de la matière du vase sur les liquides qu'il renferme, ces actions n'intervenant pas dans la variation de l'énergie potentielle résultant d'une déformation de la goutte, pourvu que celle-ci soit à une distance sensible des parois.

Si nous désignons par :

Σ, la surface de contact de l'huile et de l'alcool ;

S_1, la surface de contact de l'huile et des supports solides ;

S, la surface totale des supports solides;

θ_1, la fonction relative aux attractions mutuelles des molécules d'huile ;

η_1, la fonction relative aux attractions des molécules d'huile et des molécules solides des supports;

θ_1' et η_1', les fonctions correspondantes pour l'alcool ;

η_2, celle qui est relative à l'action de l'huile sur l'alcool ;

Nous avons pour l'énergie potentielle, résultant des actions capillaires énumérées précédemment,

1°	$-\eta_1 S_1$,
2°	$\frac{\theta_1}{2}(S_1 + \Sigma)$,
3°	$\frac{\theta_1'}{2}(S - S_1 + \Sigma)$,
4°	$-\eta_2 \Sigma$,
5°	$-\eta_1' (S - S_1)$,

en négligeant d'ailleurs les constantes.

Par conséquent, l'énergie potentielle totale est, à une constante près,

$$\left(\frac{\theta_1'}{2}-\eta_1'\right)S+\left(\frac{\theta_1}{2}+\frac{\theta_1'}{2}-\eta_2\right)\Sigma-\left(\eta_1-\eta_1'-\frac{\theta_1}{2}+\frac{\theta_1'}{2}\right)S_1.$$

Mais, puisque le cadre est solide, la surface S demeure constante. Il suffit donc, pour avoir la condition d'équilibre, d'écrire que la variation des deux derniers termes est nulle, c'est-à-dire

$$\left(\frac{\theta_1}{2}+\frac{\theta_1'}{2}-\eta_2\right)\delta\Sigma-\left(\eta_1-\eta_1'-\frac{\theta_1}{2}+\frac{\theta_1'}{2}\right)\delta S_1=0.$$

Si nous comparons cette condition à la condition (4) que nous avons obtenue pour l'équilibre d'un liquide en contact avec l'air et des parois solides (§ 21), nous voyons qu'elles sont de la même forme ; elles ne diffèrent que par la valeur des coefficients de $\delta\Sigma$ et de δS_1, et par la disparition du terme relatif à la pesanteur. Or, en transformant l'égalité (4), nous sommes arrivés aux conditions suivantes

$$gz=\frac{\theta_1}{2}\left(\frac{1}{R_1}+\frac{1}{R_2}\right)+\text{const.},$$
$$\varphi=\text{const.}$$

Il est donc évident que la condition que nous venons d'établir peut être remplacée par

$$\frac{1}{R_1}+\frac{1}{R_2}=\text{const.},$$
$$\varphi=\text{const.}$$

En d'autres termes, la surface de séparation de l'huile et

de l'eau alcoolisée doit être à courbure moyenne constante et doit couper le support solide sous un angle constant.

87. Les méridiennes des surfaces d'équilibre de révolution sont données par le roulement d'une conique. Dans les expériences de Plateau, les plans des deux disques ou anneaux maintenant la masse d'huile sont perpendiculaires à la droite joignant leurs centres. Par suite, cette droite est un axe de symétrie de la masse d'huile, et la surface de séparation de l'huile et de l'eau alcoolisée est une surface de révolution autour de cet axe. Dans ce cas, si F est un point de la méridienne et XY l'axe (*fig.* 31), l'un des rayons de courbure principaux est la longueur FI de la normale comprise entre F et l'axe, et l'autre est le rayon de courbure FC de la méridienne. Par conséquent, pour qu'il y ait équilibre, la méridienne doit être telle que l'on ait

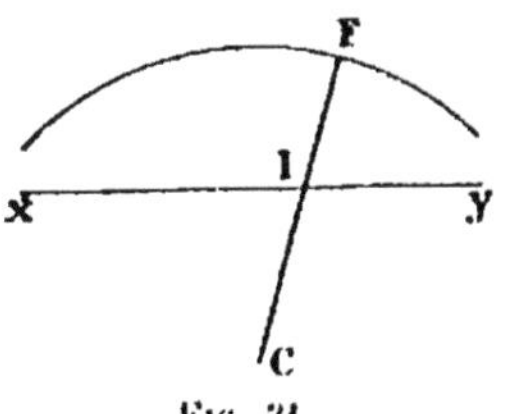

Fig. 31.

$$\frac{1}{FI} + \frac{1}{FC} = \text{const.}$$

Montrons que cette condition est remplie par la courbe engendrée par le foyer d'une conique, quand celle-ci roule sans glissement sur une droite.

Considérons une ellipse C dont F et F_1 sont les foyers, et faisons-la rouler sur une droite XY (*fig.* 32). Le point de contact I est le centre instantané de rotation, et l'on a

$$\frac{\text{vitesse de F}}{\text{vitesse de } F_1} = \frac{IF}{IF_1}.$$

Prenons le symétrique G du foyer F_1 par rapport à XY; ce point aura nécessairement la même vitesse que F_1. D'autre part, d'après les propriétés de l'ellipse, G se trouve sur le prolongement du rayon vecteur FI et l'on a

$$IF_1 = IG.$$

Par conséquent, l'égalité précédente peut s'écrire

$$\frac{\text{vitesse de F}}{\text{vitesse de G}} = \frac{IF}{IG}.$$

Par un point F' infiniment voisin de F sur la trajectoire de ce point, menons une normale à cette courbe; elle rencontre FIG en C, et ce point est le centre de courbure de la trajectoire, puisque, par suite des propriétés du centre instantané de rotation, FIG est aussi normale à la trajectoire.

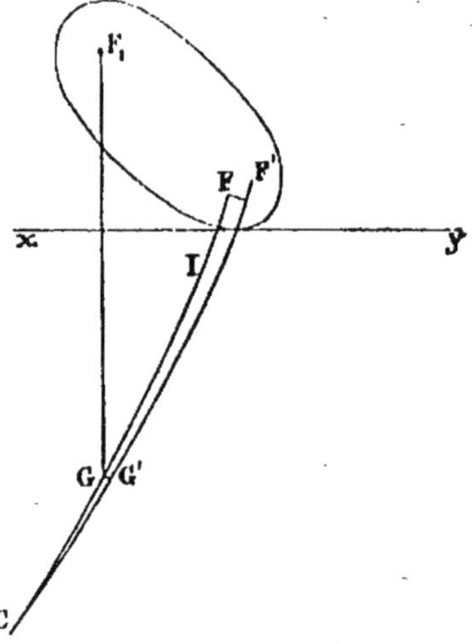

Fig. 32.

La longueur FG est égale à la somme des rayons vecteurs $FI + F_1I$; c'est donc une constante et la trajectoire de G est parallèle à celle de F. Par suite, les deux triangles infiniment petits, FCF', GCG', sont semblables et l'on a

$$\frac{FF'}{GG'} = \frac{CF}{CG}.$$

Or, le premier rapport de cette égalité est égal au rapport des vitesses de F et G; par conséquent

$$\frac{\text{vitesse de F}}{\text{vitesse de G}} = \frac{CF}{CG}.$$

Rapprochant cette valeur du rapport des vitesses de F et G de celle que nous avons déjà obtenue, nous avons

$$\frac{IF}{IG} = \frac{CF}{CG}.$$

Les quatre points F, I, G et C sont donc conjugués harmoniques. Or, on sait que l'on peut exprimer que ces points sont conjugués harmoniques en écrivant

$$\frac{1}{FI} + \frac{1}{FC} = \frac{2}{FG}.$$

Le second membre de cette égalité étant constant, la condition que doit remplir la section méridienne d'une surface de révolution d'équilibre se trouvera donc remplie par la trajectoire du foyer F.

On démontrerait de la même manière que la trajectoire du foyer d'une hyperbole roulant sur une droite jouit de la même propriété.

Dans le cas de la parabole, la trajectoire du foyer est telle que l'on ait

$$\frac{1}{FI} + \frac{1}{FC} = 0$$

puisque FG est infini, la parabole pouvant être conservée comme une ellipse, dont l'un des foyers est rejeté à l'infini. La surface de révolution engendrée par la trajectoire est donc dans ce cas une surface à courbure moyenne nulle.

Nous la connaissons déjà ; c'est le caténoïde.

38. Onduloïde. — Plateau a donné le nom d'onduloïde à la surface de révolution engendrée par la rotation de la trajectoire d'un foyer d'une ellipse.

Pour trouver sa forme, supposons l'ellipse génératrice d'abord tangente à la droite de roulement à l'extrémité A (*fig.* 33) de son grand axe. Il est évident que, quel que soit le

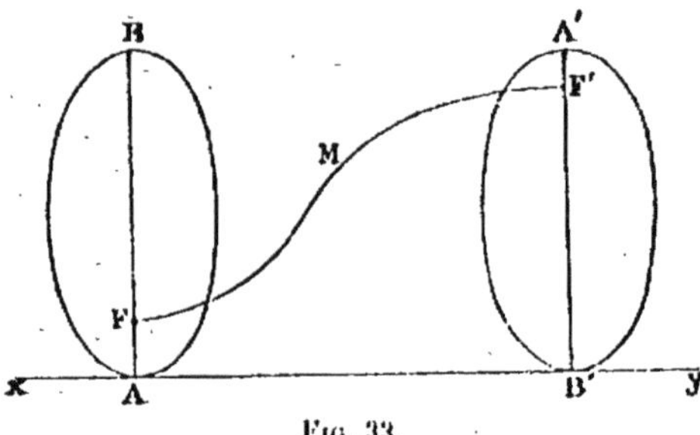

Fig. 33.

sens dans lequel on fasse tourner cette ellipse, la courbe décrite par F a des ordonnées égales pour des abscisses égales. La courbe est donc symétrique par rapport à AB ; nous ne considérerons que la portion située à droite de cet axe.

Si nous menions une tangente à l'ellipse et que nous faisions mouvoir son point de contact de A en B la distance du foyer F à cette tangente irait toujours en croissant. Par conséquent, quand la conique roule sur XY, les ordonnées de la trajectoire de F vont constamment en croissant jusqu'à ce que l'extrémité B du grand axe vienne en contact en B' avec la droite de roulement.

Les abscisses vont également en augmentant, car elles ne peuvent cesser de croître que si la tangente à la courbe décrite par F devient perpendiculaire à xy et, par suite, la normale parallèle à cette droite. Or, dans ce cas, le centre instantané de rotation se trouverait rejeté à l'infini, ce qui n'a pas lieu. La trajectoire du point F est donc une courbe de la forme FMF'.

Si l'on continue à faire rouler l'ellipse, la courbe décrite par son foyer est évidemment symétrique par rapport à A'B' de la portion déjà décrite. Il suffit donc de connaître la forme de la courbe FF' comprise entre les axes de symétrie AB et A'B' pour pouvoir tracer tout entière la méridienne d'une onduloïde.

Dans le cas particulier où l'ellipse devient une circonférence, les deux foyers de l'ellipse se confondent avec le centre de la circonférence. Dans le roulement de cette courbe sur xy, son centre décrit une droite parallèle à xy. L'onduloïde se réduit donc, dans ce cas, à un cylindre de révolution autour de xy.

Si l'ellipse s'aplatit indéfiniment les foyers se rapprochent de plus en plus des sommets, et la méridienne de l'onduloïde a des points très rapprochés de l'axe de rotation. A la limite l'ellipse se réduit à une droite ayant pour foyers ses deux extrémités, et la trajectoire d'un des foyers est formée d'une série de demi-circonférences ayant leurs centres sur la droite xy. Par conséquent, l'onduloïde se réduit alors à une série de sphères tangentes entre elles.

39. Nodoïde. — C'est le nom donné par Plateau à la surface ayant pour méridienne la trajectoire du foyer d'une hyperbole.

Considérons l'hyperbole dans la position pour laquelle

c'est son sommet A (*fig.* 34) qui est en contact avec la droite *xy*. L'axe AB de la conique dans cette position est un axe de symétrique de la trajectoire du foyer F.

Faisons rouler l'hyperbole jusqu'à ce que l'asymptote CD se confonde avec la droite *xy*; l'ordonnée de la trajectoire de F ira toujours en croissant, car la distance du foyer d'une hyperbole à une tangente dont le point de contact se déplace de A en C va toujours en augmentant.

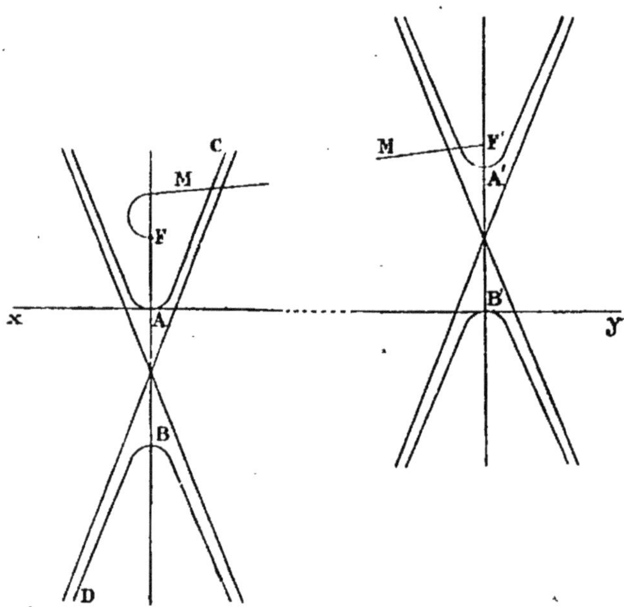

FIG. 34.

Quand l'asymptote CD coïncide avec *xy*, nous devons faire rouler l'autre branche de l'hyperbole, le point de contact se déplaçant d'abord sur la branche DB. La distance du foyer F à la tangente à cette branche allant constamment en croissant lorsque le point de contact de cette tangente se déplace de D en B, il en sera de même de l'ordonnée de la trajectoire de F pendant le roulement.

Par conséquent, l'ordonnée croît d'une manière continue depuis F jusqu'au point F' correspondant à la position de l'hyperbole pour laquelle le contact avec *xy* se fait en B', second sommet de la conique.

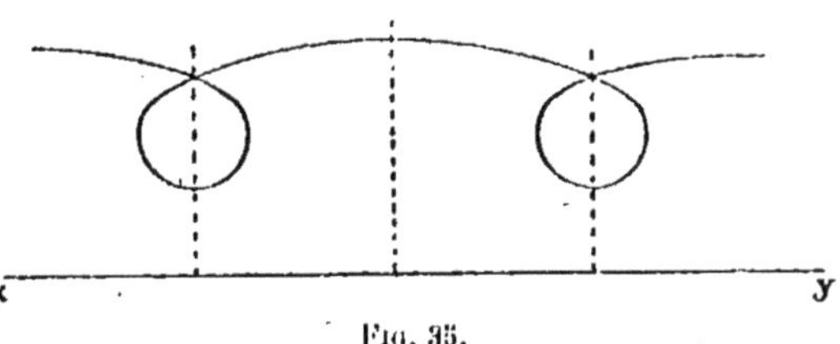

FIG. 35.

Mais, pendant le mouvement, l'abscisse commence par décroître. Quand l'asymptote CD se confond avec *xy* le centre instantané de rotation se trouve rejeté à l'infini ; par suite, la normale à la trajectoire de F est à ce moment parallèle à *xy*, et la tangente est perpendiculaire à cette ligne. L'abscisse cesse donc de décroître, et elle va en croissant jusqu'en F'. On a, par conséquent, entre F et F' une courbe ayant la forme indiquée FMF'.

La droite A'B' étant évidemment un axe de symétrie comme AB, la méridienne de la nodoïde doit avoir la forme qu'indique la figure 35.

40. Réalisation expérimentale de ces surfaces. — Plateau est parvenu à réaliser expérimentalement ces diverses surfaces, comme nous l'avons dit.

Quand on emploie comme supports rigides deux disques

plans on peut arriver, en ajoutant ou retirant de l'huile avec une pipette, à obtenir un cylindre de révolution dont les génératrices s'appuient sur les bords des disques.

En rapprochant peu à peu ces disques on obtient une portion convexe d'onduloïde, puis une portion de sphère, puis, enfin, une portion convexe de nodoïde.

Au contraire, en écartant les deux disques, on voit se former une portion concave d'onduloïde qui s'amincit de plus en plus par le milieu et se sépare enfin en deux. La rupture doit correspondre au moment où, l'ellipse étant infiniment aplatie, l'onduloïde donnerait naissance à deux sphères, s'il n'y avait pas de supports solides.

Si l'on emploie comme supports rigides deux anneaux de même diamètre, on voit les mêmes surfaces se reproduire de la même manière entre les anneaux. Mais, en même temps, les surfaces qui limitent la masse d'huile au-delà des anneaux se déforment et, conformément à la théorie, la courbure moyenne de ces surfaces est égale à celle de la surface comprise entre les anneaux.

Ainsi, quand cette dernière est un cylindre de révolution, les deux autres sont des calottes sphériques dont le rayon est égal au double de celui des anneaux. Or, pour le cylindre de révolution l'un des rayons de courbure est infini, l'autre est égal au rayon commun R des anneaux; sa courbure moyenne est donc $\frac{1}{R}$. Celle d'une calotte sphérique est $\frac{1}{2R} + \frac{1}{2R}$ ou $\frac{1}{R}$, c'est-à-dire égale à la précédente.

41. Sur la stabilité de l'équilibre du cylindre de révolution. — Par l'étude expérimentale Plateau a reconnu que le cylindre de révolution est une surface d'équilibre stable, quand la hauteur du cylindre est plus petite que la circonférence de base, tandis qu'il y a équilibre instable dans le cas contraire.

Pour chercher théoriquement les conditions de stabilité du cylindre de révolution, il faut comparer cette surface aux surfaces d'équilibre très voisines et voir dans quels cas la surface du cylindre est un minimum relatif.

Plateau a appliqué cette méthode; mais, au lieu de comparer la surface du cylindre à la surface de l'onduloïde, qui est la surface d'équilibre résultant d'une petite déformation du cylindre, il l'a comparée à la surface de révolution engendrée par la rotation d'une sinusoïde.

Le procédé n'est pas tout à fait correct. Cependant, comme la méridienne d'une onduloïde diffère peu d'une sinusoïde et que ce procédé conduit à la conclusion trouvée par l'expérience, nous allons l'exposer.

Prenons des axes de coordonnées rectangulaires, l'axe des x étant la droite qui joint les centres des deux disques ou anneaux, c'est-à-dire l'axe de révolution des surfaces d'équilibre.

Les équations des plans de base du cylindre sont

$$x = x_0, \qquad x = x_1,$$

et l'une des génératrices de ce cylindre situées dans le plan des xy a pour équation

$$y = a,$$

a étant le rayon des disques ou des anneaux.

Nous pouvons prendre, pour équation de la sinusoïde

engendrant la surface à laquelle nous devons comparer le cylindre,

$$y = a - \mu + \beta \sin x. \qquad (1)$$

En effet, nous exprimerons que cette sinusoïde s'appuie sur les bords des disques ou des anneaux en écrivant

$$\mu = \beta \sin x_0, \qquad \mu = \beta \sin x_1.$$

Pour que ces deux équations soient satisfaites, il suffit que $x_1 - x_0$ soit égal à un multiple entier de 2π. Or, si nous posons

$$x_1 = x_0 + 2\pi,$$

cela revient à prendre une unité de longueur telle que la hauteur du cylindre soit représentée par 2π ; ce qui est toujours possible.

μ et β étant liés par une des égalités précédentes, il suffit, pour achever de déterminer l'équation de la sinusoïde, de trouver une nouvelle relation entre μ, β et a. Pour cela, exprimons que la masse d'huile reste la même, c'est-à-dire que le volume engendré par la rotation de la sinusoïde est égal au volume du cylindre.

Le volume engendré par la sinusoïde est

$$\int_{x_0}^{x_1} \pi y^2 dx = \pi \int_{x_0}^{x_1} (a^2 - 2a\mu + \mu^2) dx + 2\pi \int_{x_0}^{x_1} (a - \mu)\beta \sin x + \pi \int_{x_0}^{x_1} \beta^2 \sin^2 x,$$

ou, puisque la seconde intégrale du second membre est nulle,

$$\pi\,[2\pi\,(a^2 - 2a\mu + \mu^2) + \beta^2 \pi].$$

Le volume du cylindre étant

$$\pi a^2 \times 2\pi,$$

il faut donc que l'on ait

$$-4a\mu + 2\mu^2 + \beta^2 = 0.$$

Or, μ et β sont des quantités infiniment petites, puisque la sinusoïde doit très peu différer d'une droite. Par conséquent, la condition précédente sera satisfaite si

$$4a\mu = \beta^2, \qquad (2)$$

car alors μ est un infiniment petit du second ordre, β étant du premier ordre, et le terme $2\mu^2$ est négligeable.

Comparons maintenant la surface engendrée par la sinusoïde avec la surface latérale du cylindre.

Un élément ds de la sinusoïde peut s'écrire

$$ds = \sqrt{dx^2 + dy^2} = dx\sqrt{1 + y'_2} = dx\sqrt{1 + \beta^2 \cos^2 x}.$$

En tournant, cet élément engendrera une surface

$$2\pi y\, ds = 2\pi(a - \mu + \beta \sin x)\sqrt{1 + \beta^2 \cos^2 x}\, dx$$

et la surface engendrée par la sinusoïde sera l'intégrale de cette expression prise entre x_0 et x_1. Mais, β^2 étant du second ordre, nous pouvons écrire

$$\sqrt{1 + \beta^2 \cos^2 x} = 1 + \frac{\beta^2 \cos^2 x}{2},$$

et

$$(a - \mu + \beta \sin x)\sqrt{1 + \beta^2 \cos^2 x} = a - \mu + \beta \sin x + \frac{a\beta^2}{2}\cos^2 x,$$

en négligeant les quantités infiniment petites d'ordre supérieur au second. Par suite, la surface cherchée est

$$2\pi\int_{x_0}^{x_1}(a-\mu)\,dx + 2\pi\int_{x_0}^{x_1}\beta\sin x\,dx + 2\pi\int_{x_0}^{x_1}\frac{a\beta^2}{2}\cos^2 x\,dx$$

ou

$$2\pi\left[(a-\mu)\,2\pi + \frac{a\beta^2\pi}{2}\right].$$

La surface du cylindre étant

$$2\pi a + 2\pi,$$

elle sera plus petite ou plus grande que celle qui est engendrée par la sinusoïde, suivant que

$$-2\mu + \frac{a\beta^2}{2}$$

sera plus négatif ou positif. Si l'on tient compte de l'égalité (2), cette condition revient à

$$-\beta^2 + a\beta^2 \lesseqgtr 0,$$

ou

$$2\pi a - 2\pi \lesseqgtr 0.$$

Il y aura donc équilibre stable si $2\pi a < 2\pi$, et équilibre instable dans le cas contraire. Puisque $2\pi a$ est la circonférence de base du cylindre, et 2π sa hauteur, à cause de l'unité de longueur adoptée, on arrive bien à la conclusion déduite de l'expérience.

Cela suffit pour établir que l'équilibre est instable lorsque la hauteur est plus grande que la circonférence de base, mais non pour démontrer la réciproque, puisqu'on n'a comparé le cylindre qu'à *une* des surfaces infiniment voisines possibles.

42. Dans sa *Théorie de la capillarité*, M. Mathieu a repris l'analyse de Plateau. En comparant [1] la surface d'un cylindre dont la hauteur est moindre que la circonférence de ses bases à la surface infiniment voisine engendrée par une sinusoïde dont le pas est égal à la circonférence des bases, il trouve que la surface du cylindre est alors moindre que l'autre surface, résultat conforme à celui de Plateau.

Mais, en comparant la surface du cylindre à celle qui est engendrée par une autre sinusoïde différant toujours infiniment peu d'une droite, il trouve que la seconde peut être plus petite que la première pour des valeurs de la hauteur notablement inférieures à la longueur de la circonférence des bases.

La surface du cylindre n'est donc pas une surface d'aire minimum relatif, c'est-à-dire par rapport à toute espèce de petite déformation, et l'instabilité de ce cylindre doit commencer pour des valeurs de la hauteur bien plus petites que celle trouvée par Plateau.

Mais, puisque c'est l'expérience qui a d'abord fourni à Plateau le résultat qu'il a ensuite essayé de retrouver par la théorie, comment expliquer le désaccord de ce résultat avec celui du calcul de M. Mathieu? C'est ce que celui-ci tente de faire de la façon suivante :

« Les déplacements très petits que l'on communique ordinairement à la colonne liquide, par exemple en donnant un mouvement vibratoire au vase, ne sont pas absolument quel-

[1] Voir p. 73 et suiv. de l'ouvrage cité.

conques. On conçoit donc que, en se déformant, la colonne liquide ait une tendance à passer par des figures d'équilibre. C'est, en effet, ce qui a été reconnu par Plateau. Alors le méridien de la surface devient une sinusoïde dont le pas est égal à $2\pi a$, et la surface de forme est plus grande que celle du cylindre, si la hauteur de la figure est inférieure à $2\pi a$. »

Cette explication est évidemment insuffisante. La véritable cause du désaccord entre les résultats de Plateau et ceux de M. Mathieu est que celui-ci suppose que le rayon de la circonférence d'intersection de la surface de révolution et d'un des plateaux peut subir une variation infiniment petite, tandis que le premier suppose ce rayon constant. Cette cause n'a pas complètement échappé à M. Mathieu, car il fait remarquer « que le liquide peut être un peu maintenu par les disques, par suite de l'adhérence et du frottement », mais il ne la considère que comme secondaire.

La solution du débat revient donc à savoir si les circonférences des bases varient ou ne varient pas dans une déformation.

Dans les expériences faites avec des anneaux en fil de fer fin, la réponse est immédiate. La surface de révolution devant passer par ces anneaux, les rayons des circonférences de bases conservent la même valeur : le rayon commun des anneaux.

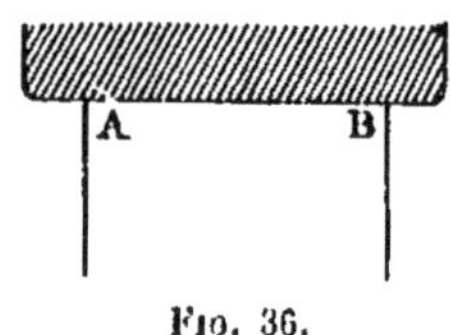

FIG. 36.

Dans le cas où les plateaux sont employés, la constance du rayon n'est pas aussi évidente, car, si le cylindre coupait les plateaux en des points tels que A et B (*fig.* 36), situés à une certaine distance des bords, les circonférences de bases pourraient varier dans une petite déformation; mais, si nous remarquons que le long de la courbe d'intersection l'angle de raccordement de la surface liquide et de la surface du plateau doit avoir une valeur constante, en général différente d'un droit, nous en déduisons que le raccordement ne peut se faire que suivant le bord du disque où, l'arête étant toujours plus ou moins émoussée, l'angle de raccordement peut prendre la valeur qui lui convient. Dans ces conditions, le rayon des circonférences des bases conserve encore une valeur constante.

48. Dans cette hypothèse, nous allons démontrer, en toute rigueur, que la surface du cylindre de révolution est un minimum relatif dans les conditions indiquées par Plateau.

Montrons d'abord qu'il suffit de comparer ce cylindre à une surface de révolution de même axe.

Soit Σ un solide quelconque ayant même volume que le cylindre et une surface plus petite. Je dis qu'il existe un solide de révolution Σ' de même volume et de surface plus petite que le solide Σ.

Coupons Σ par une série de plans parallèles aux bases. Si Q est la surface d'une de ces sections, $Q\,dx$ sera le volume compris entre deux sections infiniment voisines. Nous pouvons imaginer un solide de révolution Σ' dont les sections circulaires aient une surface égale aux sections correspondantes de Σ. Le volume limité par deux sections infiniment voisines de Σ' est alors $Q\,dx$, c'est-à-dire que les volumes élémentaires des solides Σ et Σ' sont égaux deux à deux. Par conséquent, Σ et Σ' ont le même volume.

Considérons les surfaces. Soient C et C′ (*fig.* 37) les sections de Σ par deux plans parallèles distants de dx. Projetons la courbe C sur le plan de C′, nous obtenons une courbe C″, et l'aire annulaire comprise entre C′ et C″ est égale à dQ. En deux points voisins A et B de la courbe C

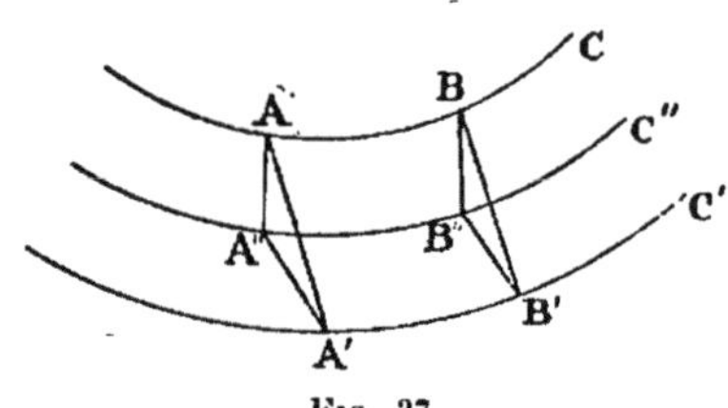

Fig. 37.

menons des plans normaux à cette courbe. Ils coupent C′ en A′ et B′, C″ en A″ et B″, et nous pouvons considérer le solide AA′A″BB′B″ comme un prisme triangulaire droit.

En appelant ds l'élément AB de la courbe C, les surfaces des faces de ce prisme sont

$$d\omega = ds\,\text{AA}' \qquad \text{(pour AA}'\text{BB}'\text{)}$$
$$d\omega_1 = ds\,\text{AA}'' \qquad \text{(pour AA}''\text{BB}''\text{)}$$
$$d\omega_2 = ds\,\text{A}''\text{A}' \qquad \text{(pour A}'\text{A}''\text{B}'\text{B}''\text{)}$$

et, puisque le triangle AA′A″, rectangle en A″, donne

$$\overline{\text{AA}'}^2 = \overline{\text{AA}''}^2 + \overline{\text{A}'\text{A}''}^2,$$

on a

$$d\omega^2 = d\omega_1^2 + d\omega_2^2.$$

Mais $d\omega$ est un élément de la surface du solide Σ; par suite, la surface de ce solide est

$$\int d\omega = \int \sqrt{d\omega_1^2 + d\omega_2^2}.$$

Or, on a

$$\int\sqrt{d\omega_1^2 + d\omega_2^2} > \sqrt{\left(\int d\omega_1\right)^2 + \left(\int d\omega_2\right)^2},$$

car, si nous regardons pour un instant $d\omega_1$ et $d\omega_2$ comme les variations des coordonnées d'un point d'une courbe plane, le premier membre de l'inégalité représente la longueur d'un arc fini de cette courbe, tandis que le second est la racine carrée de la somme du carré de la différence des ordonnées et du carré de la différence des abscisses des points extrêmes de la courbe, c'est-à-dire la longueur de la droite joignant ces points. La ligne droite étant la plus courte distance de deux points, l'inégalité est bien exacte.

On a donc

$$\int d\omega > \sqrt{\left(\int d\omega_1\right)^2 + \left(\int d\omega_2\right)^2}.$$

Il y a exception si le solide est de révolution ; dans ce cas, en effet, les aires élémentaires $d\omega$, $d\omega_1$, $d\omega_2$ sont dans un rapport constant ; il en résulte que l'inégalité doit être remplacée par une égalité et que :

$$\int d\omega = \sqrt{\left(\int d\omega_1\right)^2 + \left(\int d\omega_2\right)^2}.$$

Mais $\int d\omega_2$ est l'aire comprise entre les courbes C′ et C″, c'est-à-dire dQ.

D'autre part, puisque AA″ est la distance de deux sections parallèles aux bases et infiniment voisines, on a

$$d\omega_1 = ds\,AA'' = ds\,d\omega,$$

et

$$\int d\omega_1 = s\, dx,$$

s étant la longueur de la courbe C. Donc la surface S de la portion du solide Σ comprise entre nos deux plans infiniment voisins parallèles au plan des yz sera

$$S = \int d\omega > \sqrt{s^2\, dx^2 + dQ^2}.$$

Si la courbe C était un cercle de surface Q, son périmètre s serait égal à $\sqrt{4\pi\, Q}$. Le cercle étant de toutes les figures de même surface celle qui a le plus petit périmètre, on doit avoir pour la section solide Σ qui n'est pas de révolution

$$s > \sqrt{4\pi Q},$$

et par conséquent

$$S > \sqrt{4\pi Q\, dx^2 + dQ^2}.$$

Pour le solide de révolution Σ' les inégalités précédentes devront être remplacées par des égalités et nous aurons

$$s = \sqrt{4\pi Q},$$

et par conséquent

$$S' = \sqrt{4\pi Q\, dx^2 + dQ^2}.$$

La surface du solide de révolution Σ' est donc plus petite que celle du solide Σ. Par suite, si nous parvenons à démontrer que la surface du cylindre droit est plus petite que celle du solide de révolution de même volume et de mêmes bases, nous aurons par cela même démontré qu'elle est aussi plus petite que celle d'un solide quelconque de même volume et de même base, et la surface du cylindre sera bien un minimum relatif. Pour arriver à ce but démontrons deux lemmes.

44. Lemme I. — Si deux arcs de méridiens d'onduloïdes de même axe infiniment voisins AMB, AM'B' (*fig.* 38), ayant une extrémité A commune et leurs extrémités B et B' sur

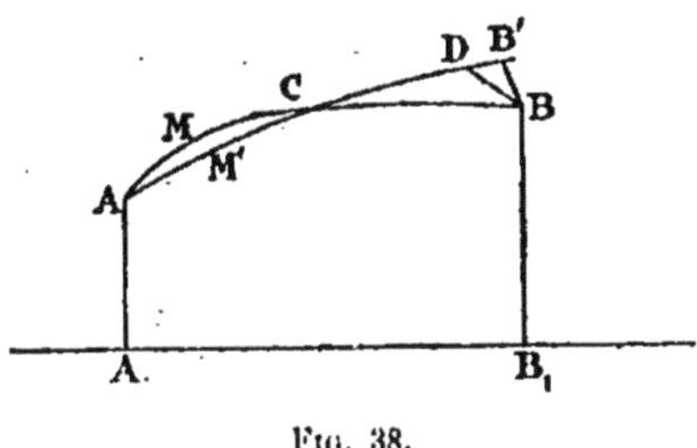

Fig. 38.

une normale BB' à AM'B', se coupent en un point C tel que les volumes engendrés par AMCM'A et CB'B soient égaux, les surfaces engendrées par la rotation de ces arcs sont égales.

Soit S la surface engendrée par AMB, $S + \delta S$ la surface engendrée par AM'B'; soit V le volume engendré par A_1AMBB_1, et $V + \delta V$ le volume engendré par $A_1AM'CB'BB_1$.

Par hypothèse ces deux volumes sont équivalents et δV est nul; je me propose de démontrer que δS est nul.

Soit, en effet, $d\sigma$ un élément de la surface AMB; menons une normale à cet élément et prolongeons-la jusqu'à sa rencontre avec la surface AM'B'; soit λ la longueur de cette normale.

Soit dS un élément de la circonférence engendrée par le

point B, et soit φ l'angle de raccordement, c'est-à-dire l'angle que fait la surface AMB avec BB'.

Une formule que nous avons appliquée bien des fois nous donne

$$\delta V = \int \lambda \, d\sigma,$$

$$\delta S = \int \lambda \left(\frac{1}{R_1} + \frac{1}{R_2}\right) d\sigma + \int \lambda \operatorname{cotg} \varphi \, ds.$$

Comme par hypothèse l'angle φ est égal à $\frac{\pi}{2}$, la seconde intégrale est nulle ; mais la courbure moyenne de l'onduloïde étant constante, je puis faire sortir $\frac{1}{R_1} + \frac{1}{R_2}$ du signe $\int$ et la première intégrale se réduit à

$$\left(\frac{1}{R_1} + \frac{1}{R_2}\right) \int \lambda \, d\sigma = \left(\frac{1}{R_1} + \frac{1}{R_2}\right) \delta V = 0.$$

On a donc

$$\delta S = 0.$$

Les deux surfaces AMB, A'M'B' sont donc égales en négligeant les infiniment petits du second ordre.

45. Lemme II. — Si AMC (*fig.* 39) est un arc du méridien

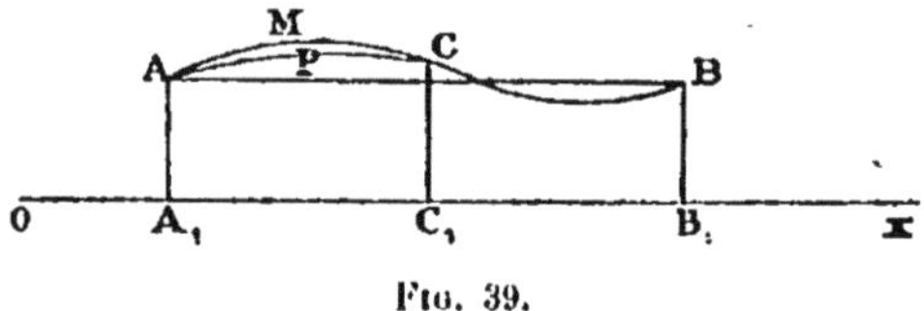

Fig. 39.

d'un solide de révolution résultant de la déformation d'un cylindre de révolution dont la hauteur est plus petite que la circonférence des bases, il existe un arc d'onduloïde APC, terminé aux mêmes extrémités, engendrant un volume égal à celui du solide engendré par AMC et il n'y en a qu'un.

Il est clair qu'on peut toujours trouver au moins un onduloïde de volume donné, admettant comme bases deux cercles donnés.

En effet, on peut considérer une goutte d'huile dont le volume soit le volume donné et qui s'appuie sur deux disques solides ayant la forme des deux cercles donnés. Cette goutte aura au moins une position d'équilibre. Ou, en d'autres termes, si on considère plusieurs solides de révolution ayant même volume et mêmes bases, la surface latérale de ces solides ne pourra décroître au-delà de toute limite; il y aura donc un de ces solides pour lequel cette surface sera plus petite que pour tous les autres et qui devra être un onduloïde.

Tout cela est presque évident. Mais ce que je me propose de démontrer c'est que, si les deux bases (qui sont les cercles de rayons AA_1 et CC_1) ont des rayons très peu différents, parmi les onduloïdes satisfaisant à la question, il y en aura en général un et un seul qui diffèrera très peu d'un cylindre.

Soit

$$y = f(x),$$

l'équation de la courbe AMC. Si x_0 et x_2 sont les abscisses des points A et C, on a, en appelant a le rayon AA_1,

$$f(x_1) = a \qquad f(x_2) = a + \varepsilon,$$

où ε doit être très petit, parce que A'MCB est le méridien du solide obtenu par une déformation infiniment petite du cylindre. Le volume engendré par le trapèze A_1AMCC_1 est donné par l'intégrale

$$\pi \int_{x_0}^{x_2} f^2(x)\, dx.$$

Et, comme $f(x)$ diffère très peu de a, cette intégrale est égale à

$$\pi \left[a^2 (x_2 - x_0) + \varepsilon'\right],$$

ε' étant une quantité très petite.

Considérons les onduloïdes d'axe Ox. Leurs méridiens dépendent des dimensions de l'ellipse génératrice, ainsi que de la position du point de la droite qui se trouve en contact avec un point déterminé de la conique, un sommet, par exemple, pendant le roulement de cette conique. Or, l'ellipse est déterminée par la connaissance de ces deux axes, et la position du point de contact d'un de ses sommets avec la droite Ox par l'abscisse de ce point. L'équation des méridiens des onduloïdes d'axe Ox contient donc trois paramètres arbitraires. En exprimant que ces méridiens passent par le point A on peut éliminer un de ces paramètres et l'équation générale des méridiens d'onduloïdes d'axe Ox et passant par A est

$$y = \varphi(x, \alpha, \beta),$$

avec la condition

$$a = \varphi(x_0, \alpha, \beta).$$

Supposons les paramètres choisis de telle sorte que l'onduloïde se réduise au cylindre pour $\alpha = \beta = o$. Pour ces valeurs des paramètres on a

$$a = \varphi(x_2, o, o).$$

L'arc APC du méridien d'un onduloïde diffère peu de l'arc AMC et, comme celui-ci diffère peu de la droite AB, l'arc APC diffère peu de cette droite. Par suite, les valeurs des paramètres correspondant à cet arc sont excessivement petites, et l'on peut écrire pour cet arc

$$\begin{aligned}\varphi(x_2, \alpha, \beta) &= \varphi(x_2, o, o) + \alpha \frac{d\varphi}{d\alpha} + \beta \frac{d\varphi}{d\beta} \\ &= a + \alpha \frac{d\varphi}{d\alpha} + \beta \frac{d\varphi}{d\beta}\end{aligned}$$

Pour exprimer que l'arc d'onduloïde passe par l'extrémité C de l'arc AMC, il nous suffit d'écrire

$$f(x_2) = \varphi(x_2, \alpha, \beta)$$

ce qui nous donne la condition

$$\alpha \frac{d\varphi}{d\alpha} + \beta \frac{d\varphi}{d\beta} = \varepsilon. \qquad (1)$$

Posons

$$\pi \int_{x_0}^{x_2} \varphi^2(x, \alpha, \beta)\, dx = \pi\psi(\alpha, \beta).$$

Puisque pour $\alpha = \beta = o$ l'arc d'onduloïde se réduit à la droite AB, l'intégrale précédente, qui représente le volume de l'onduloïde devient alors

$$\pi\psi(o, o) = \pi a^2 (x_2 - x_0),$$

et nous pouvons écrire, α et β étant très petits pour l'arc APC,

$$\pi\psi(\alpha, \beta) = \pi \left[a^2 (x_2 - x_0) + \alpha \frac{d\psi}{d\alpha} + \beta \frac{d\psi}{d\beta} \right]$$

Comme nous voulons que ce volume soit égal à celui du

solide engendré par l'arc AMC, nous devons avoir

$$\alpha \frac{d\psi}{d\alpha} + \beta \frac{d\psi}{d\beta} = \epsilon' \qquad (2)$$

Il est toujours possible de satisfaire aux conditions (1) et (2) par des valeurs déterminées de α et de β, *si le déterminant*

$$\frac{d\varphi}{d\alpha}\frac{d\psi}{d\beta} - \frac{d\psi}{d\alpha}\frac{d\varphi}{d\beta} \qquad (3)$$

est différent de zéro, et il est alors démontré qu'il existe bien un arc d'onduloïde satisfaisant aux conditions de l'énoncé. Voyons la signification de cette condition.

Si le déterminant précédent était nul on pourrait satisfaire aux équations

$$\alpha \frac{d\varphi}{d\alpha} + \beta \frac{d\varphi}{d\beta} = 0$$

$$\alpha \frac{d\psi}{d\alpha} + \beta \frac{d\psi}{d\beta} = 0$$

par des valeurs de α et de β différentes de zéro, ce qui revient à dire qu'il y aurait un arc d'onduloïde ayant ses extrémités sur la droite AB et engendrant un volume égal à celui du cylindre engendré par le segment de droite, compris entre les extrémités de l'arc d'onduloïde.

Or il est impossible qu'il en soit ainsi pour une longueur de ce segment moindre que AB, si cette longueur est elle-même plus petite que $2\pi a$, comme le suppose l'énoncé.

Nous avons vu, en effet, que le méridien d'onduloïde est la trajectoire du foyer d'une ellipse roulant sur une droite.

Quand l'ellipse se réduit à un cercle de rayon a, l'onduloïde se réduit à un cylindre de rayon a, ayant pour méridien une droite AB.

Considérons les intersections de cette droite AB avec un méridien d'onduloïde très peu différent, c'est-à-dire engendré par une ellipse peu différente d'un cercle de rayon a.

Une droite telle que AB parallèle à la droite sur laquelle roule l'ellipse génératrice d'un méridien d'onduloïde coupe ce méridien en une série de points D, E, F (*fig.* 40).

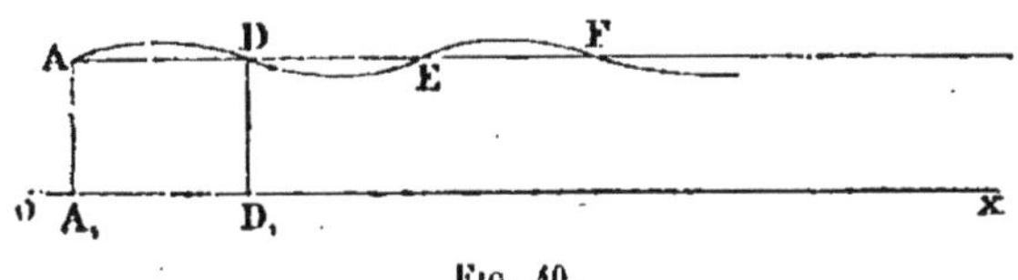

Fig. 40.

L'extrémité C de l'arc d'onduloïde APC considéré ne peut se confondre avec le point d'intersection D, car il est évident que le volume de l'onduloïde limité par des plans perpendiculaires à Ox et passant par A et D est plus grand que le volume du cylindre engendré par le rectangle A_1ADP_1. Par suite, le point C doit être l'un des points d'intersection suivants, E, F,... Or les points A et E du méridien de l'onduloïde correspondent à des positions de l'ellipse telles que dans ces deux positions c'est le même point de l'ellipse qui est en contact avec Ox; par conséquent, la différence des abscisses de ces points est égale à la longueur de l'ellipse. Mais cette longueur diffère peu de $2\pi a$, car, pour obtenir la droite AB elle-même, l'ellipse doit se réduire à un cercle de rayon a, et par hypothèse l'onduloïde ADEF diffère peu de la droite.

Il résulte donc de là qu'il n'est possible d'avoir un onduloïde limité par des cercles égaux et ayant même volume que le cylindre de mêmes bases que si la hauteur de l'onduloïde est au moins égale à la circonférence de ces bases. Le déterminant ne peut donc s'annuler que si cette hauteur n'est pas plus petite que cette circonférence. (Je pourrais même ajouter, si elle est un multiple de cette circonférence.)

Or, dans l'énoncé du lemme j'ai supposé que la distance des deux plans AA_1, BB_1, et *a fortiori* celle des deux plans AA_1, CC_1 était plus petite que cette circonférence.

Notre déterminant ne peut donc s'annuler, et le lemme est démontré.

Voici l'usage que nous en ferons.

46. Considérons le solide $AMCBB_1A_1$ (*fig.* 39) et un plan mobile CC_1 parallèle aux deux bases; construisons ensuite l'onduloïde APC défini plus haut.

Quand le plan CC_1 se déplacera d'une manière continue, cet onduloïde se déformera d'une manière continue.

Quand C est très voisin de A, cet onduloïde diffère très peu du cylindre; en diffère-t-il encore très peu quand le point C vient en B ?

Pour nous en rendre compte, voici comment il faut raisonner:

Mettons l'équation de la courbe AMB sous la forme

$$y = \xi f_1(x)$$

ξ étant infiniment petit, et f_1 fini.

Les fonctions φ et ψ définies plus haut dépendant aussi de ξ et de l'abscisse x_2 du point C, les équations qui définissent α et β pourront se mettre sous la forme

$$\varphi(\alpha, \beta, \xi, x_2) = 0$$
$$\psi(\alpha, \beta, \xi, x_2) = 0$$

Éliminons β entre ces deux équations, nous aurons

$$\Theta(\alpha, \xi, x_2) = 0.$$

Si nous regardons un instant α, ξ et x_2 comme les coordonnées rectangulaires d'un point dans l'espace, cette équation représente une surface. Cette surface passe par la

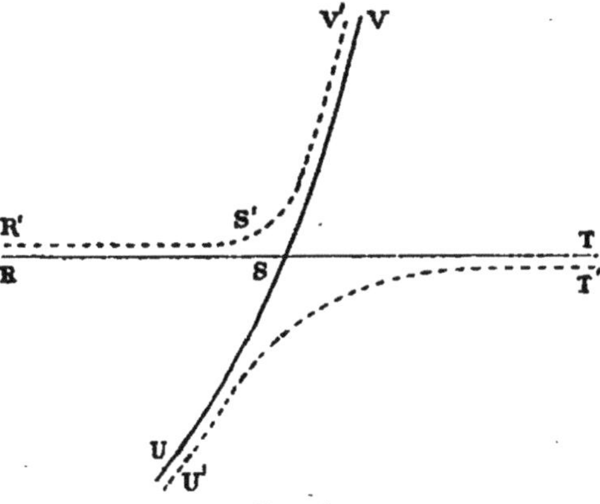

Fig. 41.

droite $\alpha = 0$, $\xi = 0$ qui est la droite RST de la figure 41. Pour $\alpha = \xi = 0$, $x_2 = 2\pi a$, le déterminant

$$\frac{d\varphi}{d\alpha}\frac{d\psi}{d\beta} - \frac{d\varphi}{d\beta}\frac{d\psi}{d\alpha}$$

s'annule, ce qui veut dire qu'au point S qui a pour coordonnées o, o et $2\pi a$, le plan $\xi = 0$ est tangent à la surface. Ce plan coupe donc la surface suivant une courbe présentant un point double en S et qui se décomposera, par conséquent, en la droite RST et une courbe USV passant par S.

Si nous coupons maintenant la surface par un plan $\xi = \xi_0$

(ξ_0 étant très petit), nous obtiendrons deux branches de courbe R'S'V', U'T' marquées en pointillé sur la figure.

Quand le point C se déplacera d'une manière continue, le point (α, ξ, x_2) décrira la branche R'S'V' d'un mouvement continu; on voit que, tant que x_2 est plus petit que $2\pi a$, ce point décrivant R'S' reste très voisin de la droite RST et l'onduloïde correspondant très voisin du cylindre. Quand x_2 devient plus grand que $2\pi a$, notre point décrit S'T' et s'éloigne de la droite RST, c'est-à-dire que l'onduloïde correspondant ne reste pas très peu différent du cylindre.

Si donc AB est plus petit que $2\pi a$, l'onduloïde, dans sa déformation continue, se réduira au cylindre (dont il ne se sera jamais beaucoup éloigné), quand le point C viendra en B.

Mais il n'en sera plus de même si AB est plus grand que $2\pi a$.

47. Théorème. — *Si la hauteur d'un cylindre circulaire droit est plus petite que la circonférence des bases, la surface latérale de ce cylindre est plus petite que celle de tout solide de révolution de même volume et de mêmes bases.*

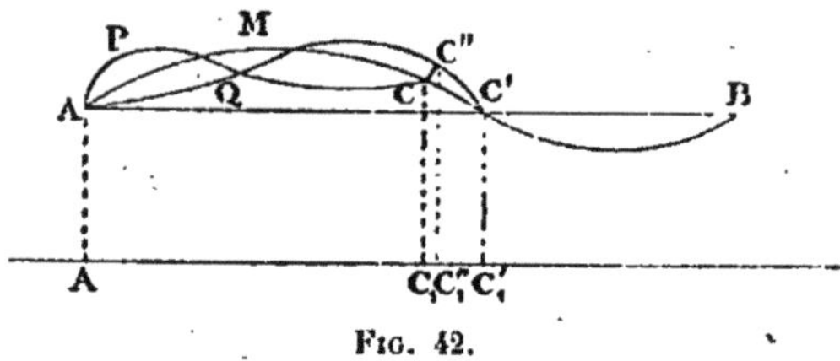

Fig. 42.

Soient AB (*fig.* 43) la génératrice du cylindre, AMB le méridien de la surface de révolution. Prenons un point C quelconque sur ce méridien. Nous pouvons, d'après le lemme précédent, tracer un arc d'onduloïde APC tel que le volume engendré par A_1PCC_1 soit égal au volume engendré par A_1AMCC_1. Supposons qu'on ait démontré que la surface de cet onduloïde est plus petite que celle de ce dernier volume et démontrons que, si l'on considère un point C′ de AMCB infiniment voisin de C, l'onduloïde s'appuyant sur les cercles de rayons AA_1 et $C'C'_1$, et qui a même volume que le solide engendré par $AA_1MC'C'_1$, a aussi une surface moindre que ce dernier solide.

En effet, soit AQC′ l'arc du second onduloïde. Si nous menons en C la normale CC″ à cet arc, nous avons deux arcs d'onduloïdes APC et AQC″ ayant une extrémité commune A et limités, d'autre part, par une normale à l'un d'eux. De plus, les volumes limités par les surfaces qu'engendrent ces arcs sont égaux, car on a

$$\text{volume } A_1AMC'C'_1 = \text{volume } A_1AQC'C'_1,$$

et, puisque la surface du triangle CC′C″ est infiniment petite du second ordre, il vient, en négligeant les volumes infiniment petits de cet ordre

$$\text{volume } A_1AMCC_1 = \text{volume } A_1AQC''C''_1,$$

ou encore

$$\text{volume } A_1APCC_1 = \text{volume } A_1AQC''C''_1,$$

les volumes des solides engendrés par A_1AMCC_1 et A_1APCC_1 étant égaux par hypothèses.

Les deux arcs d'onduloïdes APC et AQC″ remplissent donc les conditions de l'énoncé du lemme 1. Par suite, les surfaces qu'ils engendrent sont égales aux infiniment petits près du second ordre (CC′ étant du premier)

$$\text{surf. APC} = \text{surf. AQC}''.$$

Si, comme nous l'avons admis, on a

$$\text{surf. APC} < \text{surf. AMC},$$

il vient

$$\text{surf. AQC}'' < \text{surf. AMC}.$$

Aux deux membres de cette inégalité ajoutons ceux de la suivante

$$\text{surf. C}''\text{C}' < \text{surf. CC}'$$

résultant de ce que, la droite CC″ étant normale en C″ à l'arc AQC′, l'élément d'arc C′C″ est plus petit que l'élément CC′; on obtient

$$\text{surf. AQC}' < \text{surf. AMC}'.$$

Ainsi, s'il est vrai que l'arc d'onduloïde joignant A à un point quelconque C de la courbe AMCB engendre une surface plus petite que cet arc, les volumes limités respectivement par ces surfaces étant égaux, cette propriété est encore exacte quand on passe de C en un point voisin C′.

Le théorème est évidemment vrai pour un onduloïde de hauteur infiniment petite. En déplaçant peu à peu le point C on arrive en B. Or, l'onduloïde qui passe par A et B, et qui a même volume que le solide engendré par la courbe AMCB, se réduit au cylindre de révolution. Par conséquent, la surface de ce cylindre est plus petite que celle d'un volume quelconque de révolution ayant mêmes bases et même volume.

Je viens de dire que, quand le point C vient en B, l'onduloïde se réduit au cylindre.

Cela est vrai, en vertu du lemme II, si AMB s'éloigne peu de la droite AB et si la hauteur AB du cylindre est plus petite que $2\pi a$, c'est-à-dire que la circonférence de base.

Ainsi le cylindre de révolution, dont la hauteur est plus petite que cette circonférence est une figure d'équilibre stable.

Si la hauteur du cylindre devient plus grande, les conditions de l'énoncé du second lemme ne sont plus satisfaites; l'analyse de Plateau nous apprend alors que l'équilibre du cylindre est instable.

48. Gouttes d'huile en rotation. — Lorsqu'une goutte d'huile est suspendue dans un liquide de même densité sans être en contact avec des supports solides, la condition d'équilibre de cette goutte s'obtient en faisant $S = S_1 = o$ dans l'équation d'équilibre trouvée au § 36 ; on a donc

$$\left(\frac{\theta_1}{2} + \frac{\theta_1'}{2} - \eta_2\right) \delta\Sigma = o,$$

ce qui exprime que la surface de contact de l'huile et de l'alcool doit être aussi petite que possible.

Parmi les solides de même volume, la sphère satisfait à cette condition, et l'expérience montre, en effet, qu'une goutte d'huile, en équilibre au sein d'un liquide de même densité, affecte la forme sphérique.

Si l'on fait tourner la goutte autour d'un axe passant par son centre, la sphère se déforme et se transforme en solides de révolution plus ou moins aplatis, auxquels on donne le nom de sphéroïdes. Nous allons chercher la forme des nouvelles surfaces d'équilibre.

Soit S (*fig.* 43) une de ces surfaces, et soit S' celle qui résulte d'une déformation infiniment petite de S. En passant de l'une à l'autre de ces surfaces, le travail des forces agissant sur la goutte doit être nul, puisque S est une surface d'équilibre. Or, le travail des forces capillaires est égal, d'après ce qu'on a vu au § 36, à

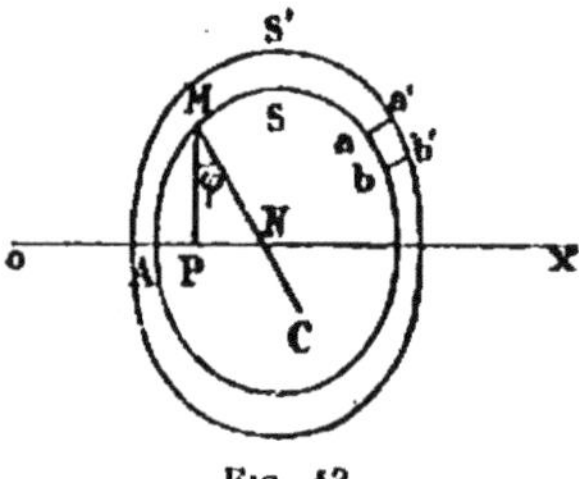

Fig. 43.

$$-\left(\frac{\theta}{2}+\frac{\theta'}{2}-\eta_2\right)\delta S.$$

D'autre part, la rotation de la goutte développe une force centrifuge dont le travail est

$$\frac{\omega^2}{2}\delta I,$$

ω étant la vitesse angulaire de rotation, et I le moment d'inertie de la goutte par rapport à l'axe de rotation.

Par conséquent, la condition d'équilibre de la goutte est

$$\frac{\omega^2}{2}\delta I-\left(\frac{\theta}{2}+\frac{\theta'_1}{2}-\eta_2\right)\delta S=0,$$

ou

$$\delta S=\alpha\delta I,$$

α désignant une quantité proportionnelle au carré de la vitesse de rotation et devenant constante en même temps que cette vitesse.

Par suite de la déformation de S, à un élément $ab = d\sigma$ de cette surface correspond un élément $a'b' = d\sigma'$ de la surface S' obtenue en menant par le contour de ab les normales à S. La variation de la surface S peut donc s'écrire

$$\delta S = \int d\sigma' - \int d\sigma.$$

Mais nous avons vu au § 21 que, si l'on désigne par λ la longueur de la normale aa', on a

$$d\sigma' - d\sigma = \lambda\, d\sigma \left(\frac{1}{R_1} + \frac{1}{R_2}\right).$$

Par conséquent

$$\delta S = \int \lambda\, d\sigma \left(\frac{1}{R_1} + \frac{1}{R_2}\right).$$

La variation δI du moment d'inertie est égale à la somme des moments d'inertie des éléments de volume, tels que $ab\,a'b'$. En appelant r la distance du centre de gravité de cet élément à l'axe de rotation ox, on obtient

$$\delta I = \int r^2 \lambda\, d\sigma.$$

On a donc pour la condition d'équilibre

$$\int \lambda\, d\sigma \left(\frac{1}{R_1} + \frac{1}{R_2} - \alpha r^2\right) = 0,$$

à laquelle il faut joindre la condition

$$\int \lambda\, d\sigma = 0$$

qui exprime que le volume de la goutte ne change pas.

Pour que ces deux conditions soient satisfaites simultanément, il faut que

$$\frac{1}{R_1} + \frac{1}{R_2} - \alpha r^2 = \beta,$$

β étant une constante.

La surface définie par cette équation étant de révolution, l'un des rayons de courbure en M est le rayon de courbure MC de la courbe méridienne; l'autre, MN, est limité par l'axe de rotation. En désignant par φ l'angle de la normale en M avec la perpendiculaire MP à l'axe de rotation et par ds un élément d'arc compté positivement dans le sens des φ croissant, c'est-à-dire dans le sens MA, on a :

$$R_2 = MC = \frac{ds}{d\varphi}, \qquad R_1 = MN = \frac{r}{\cos\varphi},$$

et l'équation de la surface devient

$$\frac{d\varphi}{ds} + \frac{\cos\varphi}{r} = \alpha r^2 + \beta,$$

ce qui donne

$$\frac{d\varphi}{ds} + \frac{\cos\varphi}{y} = \alpha y^2 + \beta$$

pour l'équation de son méridien situé dans le plan des xy.

Comme on a

$$dy = -ds \sin\varphi,$$

cette équation peut s'écrire

$$\frac{-\sin\varphi\, d\varphi}{dy} + \frac{\cos\varphi}{y} = \alpha y^2 + \beta,$$

ou

$$\frac{d \cos \varphi}{dy} + \frac{\cos \varphi}{y} = \alpha y^2 + \beta.$$

Pour l'intégrer, remarquons que, si le second membre est nul, la solution est

$$\cos \varphi = \frac{C}{y}$$

C étant une constante. Appliquons maintenant la méthode de variation des constantes. Il vient

$$\frac{1}{y}\frac{dC}{dy} = \alpha y^2 + \beta,$$

d'où

$$C = \frac{\alpha}{4} y^4 + \frac{\beta}{2} y^2 + \gamma, \qquad (1)$$

et par conséquent

$$\cos \varphi = \frac{C}{y} = \frac{\alpha}{4} y^3 + \frac{\beta}{2} y + \frac{\gamma}{y}.$$

Mais on a

$$dx = dy \operatorname{cotg} \varphi.$$

En éliminant φ entre ces deux relations on obtiendra l'équation de la courbe méridienne en coordonnées rectangulaires. De la première on déduit

$$\sin \varphi = \sqrt{1 - \frac{C^2}{y^2}},$$

et par suite

$$\operatorname{cotg} \varphi = \frac{C}{\sqrt{y^2 - C^2}};$$

donc on a pour l'équation cherchée

$$x = \int \frac{C\,dy}{\sqrt{y^2 - C^2}}, \qquad (2)$$

C étant la fonction de y définie par l'égalité (1).

La courbe représentée par cette équation peut être, suivant les valeurs des constantes qui y entrent, ou bien une courbe fermée aplatie dans le voisinage de l'axe de rotation, ou bien formée de deux courbes fermées symétriques par

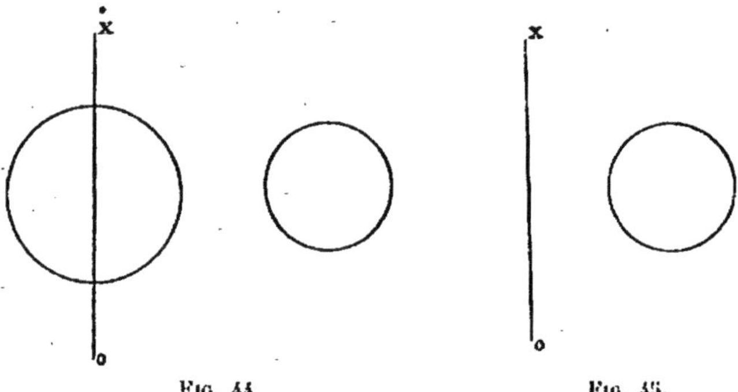

Fig. 44. Fig. 45.

rapport à l'axe de rotation. Le premier cas (*fig.* 44) correspond à une faible vitesse de rotation, et le volume engendré est un sphéroïde; le second (*fig.* 45), à une vitesse de rotation considérable, et la masse d'huile forme un anneau.

La courbe admet évidemment l'axe des x comme axe de symétrie; mais elle admet également un autre axe de symétrie perpendiculaire au premier et qu'on peut prendre pour axe des y.

Les points où la courbe coupe l'axe des y sont les racines de l'équation

$$(3) \qquad y^2 - C^2 = 0.$$

Cette remarque suffit pour permettre la discussion du problème; Plateau a observé que, quand on fait croître la vitesse de rotation, la masse, d'abord unique, se décompose en une masse centrale et une masse annulaire. La scission s'opère au moment où l'équation (3) a deux racines égales.

Quand la courbe est unique et coupée par l'axe, la détermination des constantes d'intégration de l'égalité (2) est toujours possible. Il n'en est pas de même quand l'axe de rotation ne rencontre pas la courbe.

49. Plateau est parvenu à établir expérimentalement la forme sphéroïdale et la forme en anneau. Il a constaté que cette dernière est une forme d'équilibre stable. La démonstration théorique de la stabilité de l'équilibre des anneaux offrirait de sérieuses difficultés mathématiques, l'intégrale de l'équation (2) étant hyperelliptique.

Remarquons, d'ailleurs, que, dans le cas d'un corps animé d'un mouvement de rotation, il n'est pas nécessaire que l'énergie potentielle du système passe par un minimum pour que l'équilibre soit stable. Le théorème de Dirichlet suppose, en effet, que les axes auxquels sont rapportés les points du corps sont en repos.

Quand ces axes tournent, il faut, dans les équations d'équilibre, introduire la force composée définie par le théorème de Coriolis, et la condition d'équilibre de Dirichlet, toujours suffisante, n'est plus nécessaire pour la stabilité.

Faisons également observer que les figures d'équilibre d'une goutte d'huile en rotation ne sont nullement comparables à celles des planètes, bien que cette opinion soit très répandue. Pour qu'il en soit ainsi, il faudrait que l'attraction newtonienne obéisse aux mêmes lois que la force capillaire, ce qui n'est pas. Il paraît même probable que les figures annulaires, stables pour les phénomènes capillaires d'après les expériences de Plateau, sont instables dans le cas de l'attraction newtonienne.

50. Systèmes laminaires fermés. — En plongeant dans un liquide un cadre de fils métalliques, on peut, dans certains cas, obtenir un système de lames minces limitant de toutes parts une certaine masse d'air. Les surfaces d'équilibre de ces lames, que Plateau a étudiées expérimentalement, ne diffèrent pas, comme nous allons le montrer, des surfaces d'équilibre d'une goutte d'huile placée dans de l'eau alcoolisée de même densité.

Considérons, en effet, le système formé par les lames et la masse d'air qu'elles enferment, et donnons-lui une déformation virtuelle infiniment petite à partir d'une position d'équilibre.

Le travail de la pesanteur $gU\delta z$ peut être négligé, car, d'une part, la masse du liquide formant les lames est très petite, ces lames étant très minces, et, d'autre part, la masse de l'air enfermé est également petite, l'air ayant une très faible densité; par suite, U est très petit.

En appelant Σ l'aire totale des faces des lames en contact avec l'air extérieur, l'aire des faces en contact avec l'air intérieur est très sensiblement Σ, les deux faces d'une même lame étant très voisines et pouvant être regardées comme parallèles. Le travail des forces capillaires résultant d'une variation $d\Sigma$ de cette aire est donc

$$2\left(-\frac{\theta_1}{2}d\Sigma\right),$$

θ_1 étant la fonction relative à l'action des molécules liquides sur elles-mêmes.

Si, en même temps, la surface de contact du liquide et du cadre variait, nous aurions à tenir compte du travail des forces capillaires résultant de cette variation. Mais, cette surface étant proportionnelle à l'épaisseur des lames, elle est très petite, et sa variation peut être négligée.

Il ne reste donc que le travail $-\theta_1\,d\Sigma$. A ce travail il faut ajouter celui des pressions. Si nous appelons p_0 la pression de l'air extérieur, p celle de l'air intérieur, le travail des pressions intérieures est $p\,dV'$, et celui des pressions extérieures $-p_0\,dV$, dV' étant la variation du volume limité par les faces intérieures des lames, dV la variation du volume limité par les faces extérieures. Ces faces étant parallèles et très voisines, dV et dV' diffèrent infiniment peu, et l'on a pour le travail total des pressions

$$(p-p_0)\,dV.$$

La condition d'équilibre du système est donc

$$-\theta_1\,d\Sigma+(p-p_0)\,dV=0.$$

Mais nous avons trouvé (21)

$$d\Sigma=\int\lambda\left(\frac{1}{R_1}+\frac{1}{R_2}\right)d\sigma+\int\lambda\cot\varphi\,ds,$$

et, d'autre part, pour la variation du volume limité par les faces extérieures

$$dV = \int d\sigma.$$

Il vient donc

$$\int \lambda \left[p - p_0 - \theta_1 \left(\frac{1}{R_1} + \frac{1}{R_2} \right) \right] d\sigma - \theta_1 \int \lambda \operatorname{cotg} \varphi \, ds = 0,$$

et, comme cette relation doit être satisfaite, quelle que soit la déformation, il faut que l'on ait séparément

$$p - p_0 = \theta_1 \left(\frac{1}{R_1} + \frac{1}{R_2} \right),$$

$$\operatorname{cotg} \varphi = 0, \quad \varphi = \frac{\pi}{2}.$$

Les pressions intérieures et extérieures étant uniformes, la pesanteur de l'air étant négligée, la première de ces conditions exprime que la courbure moyenne des surfaces des lames doit être constante. C'est l'une des conditions trouvées au n° 36 pour l'équilibre d'une goutte d'huile de même densité.

La condition $\varphi = \frac{\pi}{2}$ paraît plus restrictive que la condition $\varphi =$ const. trouvée dans ce dernier cas. Mais, en réalité, elles deviennent identiques, si l'on remarque qu'elles se réduisent en définitive à exprimer que les surfaces de la goutte d'huile ou des lames doivent passer par les fils métalliques de la carcasse ou par les bords des disques.

Les surfaces d'équilibre des lames formant un système fermé de toutes parts sont donc bien celles d'une goutte d'huile placée dans un liquide de même densité.

En particulier, si l'on forme une bulle de savon passant

par les contours de deux anneaux parallèles et de même rayon, en fil métallique, on doit obtenir comme figures d'équilibre, suivant les cas, l'onduloïde, le cylindre droit, le nodoïde et le cathénoïde. C'est ce qui a été observé par Plateau.

51. Bulles de savon. — Parmi les surfaces à courbure moyenne constante, la plus simple est celle de la sphère. L'expérience montre que c'est cette forme que prend une lame fermée ne touchant aucune paroi solide.

Peut-être y a-t-il d'autres surfaces d'équilibre répondant à ce cas, car la condition d'équilibre

$$-\theta_1\, d\Sigma + (p - p_0)\, dV = 0$$

n'indique pas que, comme dans le cas de la goutte d'huile librement suspendue dans un liquide de même densité, l'aire de la surface doive être minimum. On a tenté de prouver qu'il n'y en a pas d'autre, mais les démonstrations proposées laissent à désirer.

Quoi qu'il en soit, dans le cas d'une sphère de rayon R, nous devrons avoir pour la différence des pressions de l'air intérieur et de l'air extérieur

$$p - p_0 = \frac{2\theta_1}{R}.$$

Cette différence est positive, et elle est d'autant plus grande que la bulle est plus petite. C'est ce qui a été vérifié en mesurant cette différence de pression avec un manomètre très sensible.

Considérons deux bulles accolées. Elles se coupent suivant une circonférence par laquelle passe la lame liquide qui sépare les deux bulles. Admettons que cette lame soit sphérique et cherchons quelle relation existe entre les rayons R, R′, R″ des trois surfaces sphériques lorsqu'il y a équilibre.

En appelant p et p' les pressions de l'air situé à l'intérieur de la première bulle et à l'intérieur de la seconde, nous avons

$$p - p_0 = \frac{2\theta_1}{R},$$

$$p' - p_0 = \frac{2\theta_1}{R'},$$

$$p' - p = \frac{2\theta_1}{R''},$$

d'où l'on déduit

$$\frac{1}{R'} - \frac{1}{R} = \frac{1}{R''}.$$

On pourrait croire que cette condition d'équilibre n'est pas suffisante et qu'il y ait lieu d'exprimer, en outre, que

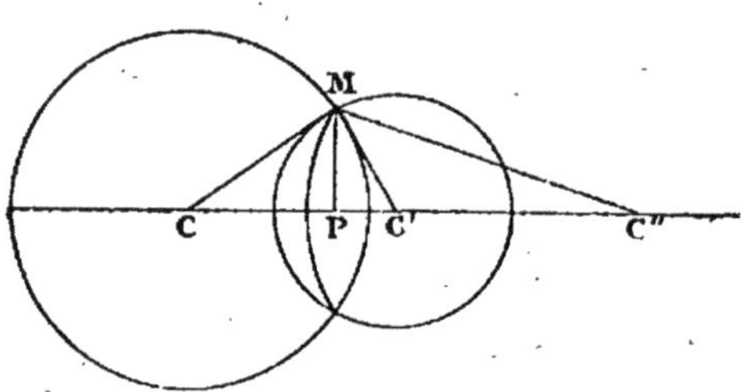

Fig. 46.

les tensions superficielles s'exerçant en un point de la ligne d'intersection des trois sphères se font équilibre. Montrons que cette nouvelle condition revient à la précédente.

En effet, les trois sphères étant formées du même liquide, les tensions superficielles sont égales et, par suite, les sphères doivent se couper sous des angles de 120° pour que ces tensions se fassent équilibre. Soient C, C′, C″ (*fig.* 46) les centres respectifs de ces sphères, qui sont en ligne droite puisqu'elles passent toutes par une même circonférence. Abaissons d'un point M de l'intersection une perpendiculaire sur la droite des centres et appelons α, α', α'' les angles de cette perpendiculaire avec les rayons MC, MC′, MC″; nous avons, en désignant par h la longueur de la perpendiculaire MP

$$\frac{1}{R} = \frac{1}{h}\cos\alpha,$$
$$\frac{1}{R'} = \frac{1}{h}\cos\alpha',$$
$$\frac{1}{R''} = \frac{1}{h}\cos\alpha''.$$

On en déduit

$$\frac{1}{R} - \frac{1}{R'} - \frac{1}{R''} = \frac{1}{h}(\cos\alpha - \cos\alpha' - \cos\alpha'').$$

Or on a

$$\alpha + \alpha' = 180^\circ - 120^\circ = 60^\circ, \qquad \alpha + \alpha'' = 120^\circ,$$

par conséquent

$$\cos\alpha - \cos\alpha' - \cos\alpha'' = \cos\alpha - \cos(60^\circ - \alpha) - \cos(120^\circ - \alpha) = 0,$$

et il vient

$$\frac{1}{R} - \frac{1}{R'} - \frac{1}{R''} = 0.$$

On retrouve donc bien la même condition que par la considération des pressions.

Le cas d'un plus grand nombre de bulles accolées les unes aux autres se ramène immédiatement au précédent. En effet, Plateau a constaté qu'il n'y avait jamais plus de trois surfaces liquides se coupant suivant une même ligne. Les trois surfaces étant sphériques, leurs rayons doivent satisfaire à la condition précédente.

52. Lames se coupant suivant une même arête. — Cette propriété des bulles de se couper toujours de telle sorte qu'il n'y ait jamais plus de trois surfaces passant par une même arête s'observe également lorsque les lames sont planes.

En plongeant dans le liquide glycérique un cadre tétraédrique *abcd* (*fig.* 47), Plateau a obtenu un système laminaire formé de dix lames planes, quatre d'entre elles constituant les faces du tétraèdre, les six autres s'appuyant sur les arêtes de ce tétraèdre et se coupant de telle sorte que chacune des droites *oa*,

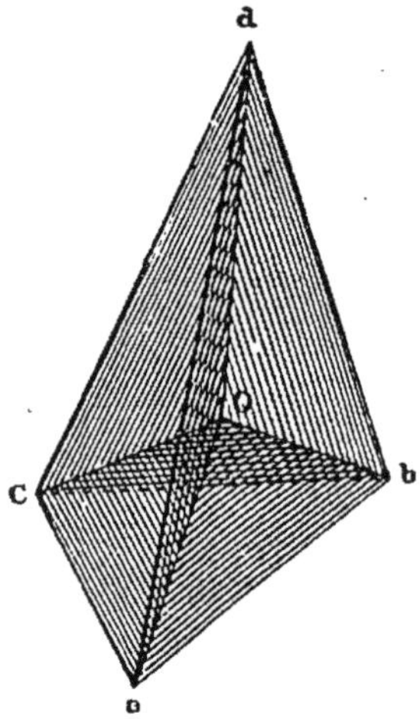

Fig. 47.

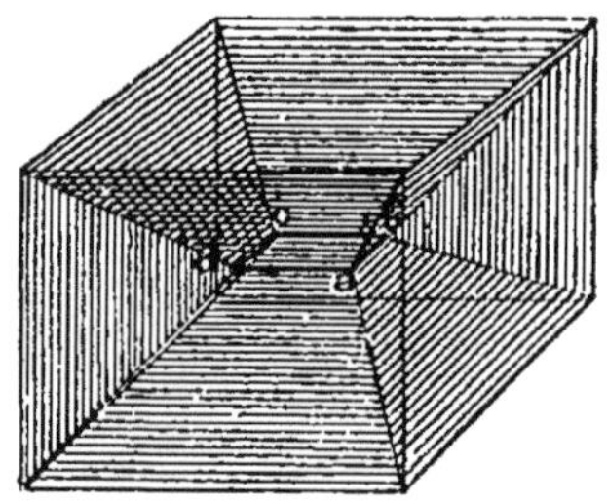

Fig. 48.

ob, *oc*, *od* appartienne à trois lames. Les angles dièdres formés par les lames, se coupant suivant l'une de ces arêtes,

sont nécessairement égaux entre eux et à 120° pour que les tensions superficielles s'équilibrent.

Avec un cadre dont les fils forment les arêtes d'un cube, on obtient les lames liquides représentées par la figure 48, qui se coupent trois par trois, suivant les arêtes liquides *abcd* et suivant les arêtes du cube.

Ce système laminaire est beaucoup plus compliqué que celui qui serait formé des quatre faces du cube et de ses plans diagonaux, et qui semble devoir se former par suite de la symétrie du cube. Mais il est facile de voir qu'un tel système ne peut exister dans l'état d'équilibre stable.

Prenons des charpentes plus simples que celle de Plateau, formées de deux planchettes de bois parallèles, reliées par des fils de fer normaux à ces planchettes. Nous obtiendrons,

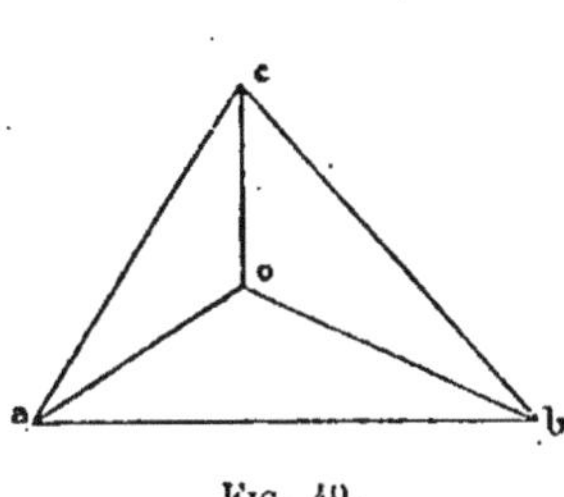

Fig. 49.

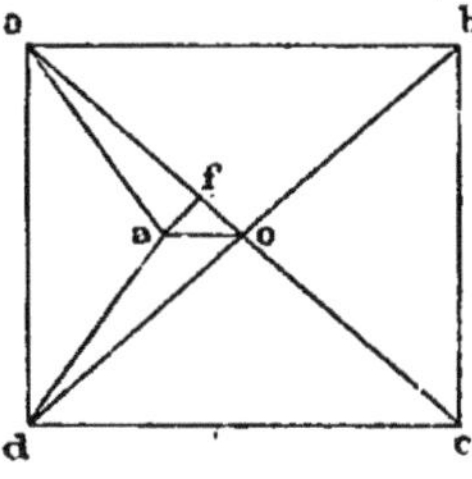

Fig. 50.

en plongeant ces charpentes dans un liquide, un système de lames planes s'appuyant sur les fils de fer et normales aux planchettes. S'il n'y a que trois fils *a*, *b*, *c* (*fig.* 49), nous aurons six lames, trois formant les faces d'un prisme triangulaire, les trois autres représentées par *oa*, *ob*, *oc*, se coupant suivant une même arête *o*, en faisant entre elles des dièdres de 120°.

Si nous prenons une charpente ayant quatre fils formant les arêtes d'un prisme droit à base carrée, nous ne pourrons jamais obtenir le système laminaire représenté par la figure 50 et qui comprend les plans diagonaux du prisme.

Cette impossibilité provient de ce qu'un tel système n'est pas en équilibre stable. Montrons-le.

Les lames étant planes, les rayons de courbure sont infinis, et la différence des pressions des deux côtés d'une lame est nulle. Par conséquent, dans un déplacement infiniment petit, les travaux se réduisent à ceux des forces capillaires, $-\theta_1\, d\Sigma$; pour qu'il y ait équilibre, il faut que cette expression soit nulle, et, pour que cet équilibre soit stable, il faut que $\theta_1 \Sigma$ passe par un maximum, c'est-à-dire que Σ soit un minimum.

Or, si l'on suppose que le système précédent se déforme de telle sorte que les deux lames *ao* et *do* viennent en *ao'* [1] et *do'*, et qu'une nouvelle lame se forme de *o* en *o'*, la somme des surfaces de ces trois lames est plus petite que la somme des surfaces des deux lames primitives. En effet, si nous abaissons de *o'* la perpendiculaire *o'f* sur *oa*, nous avons

$$fo = oo' \cos foo'$$

ou

$$fo > \frac{oo'}{2},$$

puisque l'angle *foo'* est voisin de 45°. D'autre part, l'angle *fao'* étant infiniment petit, on a sensiblement

$$af = ao'$$

[1] Sur la figure la lettre *a* a été mise, par erreur, pour *o'*.

et par suite

$$af + fo > ao' + \frac{oo'}{2},$$

ou

$$ao > ao' + \frac{oo'}{2}.$$

On trouverait de même

$$do > do' + \frac{oo'}{2},$$

et l'on obtient

$$ao + do > ao' + do' + oo'.$$

Il en résulte que, dans le système laminaire contenant les plans diagonaux du prisme, la somme des surfaces des lames n'est pas minimum. Ce système ne peut donc correspondre à un état d'équilibre stable.

CHAPITRE V

PROBLÈMES OU LA PESANTEUR INTERVIENT

Dans les deux chapitres qui précèdent, le travail de la pesanteur disparaissait des équations d'équilibre, soit parce qu'il était négligeable vis-à-vis des travaux des forces capillaires, soit parce qu'il était nul. Nous allons maintenant passer à l'étude de quelques problèmes où l'action de la pesanteur intervient dans les équations d'équilibre. Les plus importants sont les problèmes relatifs à l'équilibre des liquides superposés, à la figure d'équilibre d'une goutte placée sur un plan horizontal et à l'attraction ou la répulsion de deux parois verticales plongées dans un liquide.

53. Équilibre d'une goutte liquide reposant sur un liquide plus dense. — Soit ABCD la goutte (*fig.* 51). Désignons par S sa surface libre ABC; par S', sa surface de contact ADC avec le liquide plus dense sur lequel elle repose; par S'', la surface libre de ce dernier liquide; et par $\frac{\theta_1}{2}$, $\frac{\theta_1'}{2}$, $\frac{\theta_1''}{2}$, les tensions superficielles sur ces surfaces. Le travail des forces capillaires résultant d'une déformation virtuelle de la goutte a pour expression

$$-\frac{\theta_1}{2}\delta S - \frac{\theta_1'}{2}\delta S' - \frac{\theta_1''}{2}\delta S''.$$

Jusqu'ici nous ne considérions qu'un seul fluide et nous prenions la densité de ce fluide pour unité. Dans le cas qui nous occupe, appelons ρ la densité du liquide inférieur, et ρ_1

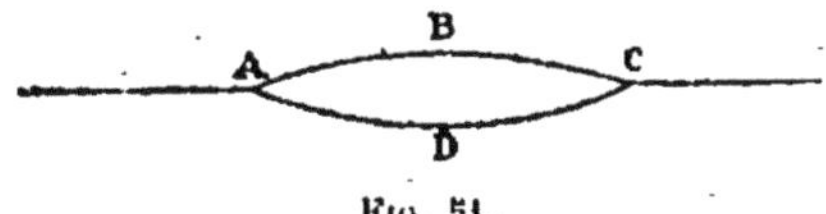

Fig. 51.

celle du liquide qui forme la goutte. Si nous désignons par U et U_1 les volumes respectifs de ces liquides, et par Z et Z_1 les distances de leurs centres de gravité au plan des xy, nous aurons, pour le travail de la pesanteur, l'axe des z étant supposé dirigé vers le bas,

$$g\rho U\delta Z + g\rho_1 U_1 \delta Z_1.$$

Par conséquent la condition d'équilibre est

$$g\rho U\delta Z + g\rho_1 U_1\delta Z_1 - \frac{\theta_1}{2}\delta S - \frac{\theta_1'}{2}\delta S' - \frac{\theta_1''}{2}\delta S'' = 0, \quad (1)$$

à laquelle il faut joindre les deux équations de liaison

$$\delta U = 0 \qquad \delta U_1 = 0 \qquad (2)$$

qui expriment que les volumes des liquides ne changent pas.

Pour transformer ces équations, considérons les nouvelles positions Σ, Σ', Σ'' des surfaces S, S', S'' (*fig.* 52). Si par chacun des points des surfaces primitives nous menons des normales à ces surfaces, les longueurs λ de ces normales comprises entre ces surfaces et celles qui résultent de leur déformation détermineront ces dernières. En appelant $d\sigma$ l'aire d'un élément de S, nous avons pour la variation de cette surface (nº 21)

$$\delta S = \int \lambda \left(\frac{1}{R} + \frac{1}{R_1}\right) d\sigma + \int \lambda \, ds \operatorname{cotg} \varphi,$$

ds étant un élément de la courbe de raccordement, et φ l'angle de la droite CF, joignant deux positions d'un point de cette

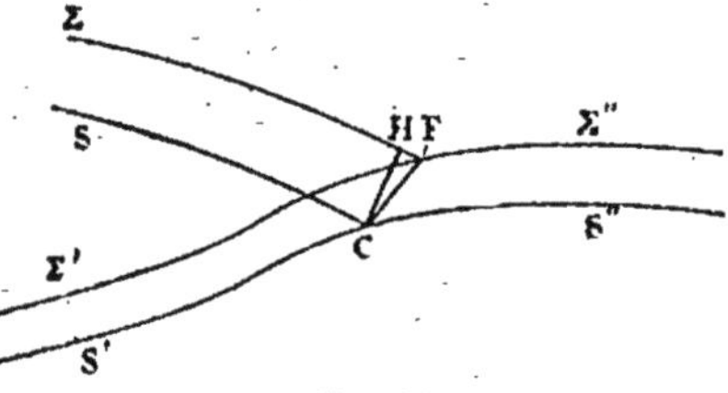

FIG. 52.

courbe, avec la tangente en F à la surface déformée. D'autre part, le triangle CHF, où CH est la normale à S, est sensiblement rectangle en H, et nous avons la relation

$$CH = CF \sin HFC,$$

ou

$$\lambda = \mu \sin \varphi,$$

μ désignant la longueur CF. Par conséquent, nous pouvons écrire

$$\delta S = \int \lambda \left(\frac{1}{R} + \frac{1}{R_1}\right) d\sigma + \int \mu \, ds \cos \varphi.$$

Nous trouverions de même pour les autres variations

$$\delta S' = \int \lambda \left(\frac{1}{R'} + \frac{1}{R'_1}\right) d\sigma' + \int \mu \, ds \cos\varphi',$$

$$\delta S'' = \int \lambda \left(\frac{1}{R''} + \frac{1}{R''_1}\right) d\sigma' + \int \mu \, ds \cos\varphi''.$$

Pour calculer δU_1, remarquons que, si la surface S se déformait seule, nous aurions pour la variation de volume

$$\int \lambda \, d\sigma.$$

Mais, puisque la surface S′ se déforme en même temps, on a

$$\delta U_1 = \int \lambda \, d\sigma - \int \lambda \, d\sigma'.$$

De même, on obtient

$$\delta U = \int \lambda \, d\sigma' + \int \lambda \, d\sigma''.$$

Les volumes étant invariables, on peut écrire

$$U_1 \delta Z_1 = \delta U_1 Z_1 = \int \lambda z \, d\sigma - \int \lambda z \, d\sigma',$$

$$U \delta Z = \delta U Z = \int \lambda z \, d\sigma' + \int \lambda z \, d\sigma'',$$

les derniers membres de ces égalités exprimant que la variation du moment du poids du liquide par rapport au plan des *xy* est égal à la somme des moments, par rapport au même plan, des poids de leurs éléments.

L'équation d'équilibre devient donc

$$\int \lambda\, d\sigma \left[g\rho_1 z - \frac{\theta_1}{2}\left(\frac{1}{R}+\frac{1}{R_1}\right)\right] + \int \lambda\, d\sigma' \left[g\rho z - g\rho_1 z - \frac{\theta'_1}{2}\left(\frac{1}{R'}+\frac{1}{R'_1}\right)\right]$$

$$+\int \lambda d\sigma'' \left[g\rho z - \frac{\theta''_1}{2}\left(\frac{1}{R''}+\frac{1}{R''_1}\right)\right] - \int \mu ds \left(\frac{\theta_1}{2}\cos\varphi + \frac{\theta'_1}{2}\cos\varphi' + \frac{\theta''_1}{2}\cos\varphi''\right) = 0 \quad (3)$$

et les conditions de liaison

$$\left.\begin{aligned} \int \lambda\, d\sigma - \int \lambda\, d\sigma' &= 0 \\ \int \lambda\, d\sigma' + \int \lambda\, d\sigma'' &= 0 \end{aligned}\right\} \quad (4)$$

54. L'équation (3) doit avoir lieu quel que soit λ, pourvu que λ satisfasse à (4); elle aura donc lieu en particulier, si l'on a

$$\int \lambda\, d\sigma = 0, \qquad \int \lambda\, d\sigma' = 0, \qquad \int \lambda\, d\sigma'' = 0 \quad (5)$$

ce qui exige que l'on ait

$$\left.\begin{aligned} g\rho_1 z &= \frac{\theta_1}{2}\left(\frac{1}{R}+\frac{1}{R_1}\right) + \beta \\ g(\rho - \rho_1) z &= \frac{\theta'_1}{2}\left(\frac{1}{R'}+\frac{1}{R'_1}\right) + \beta' \\ g\rho z &= \frac{\theta''_1}{2}\left(\frac{1}{R''}+\frac{1}{R''_1}\right) + \beta'' \\ \frac{\theta_1}{2}\cos\varphi + \frac{\theta'_1}{2}\cos\varphi' &+ \frac{\theta''_1}{2}\cos\varphi'' = 0 \end{aligned}\right\} \quad (6)$$

β, β', β'' étant des constantes.

Mais, pour qu'il y ait équilibre, l'équation (3) doit être satisfaite, quel que soit le déplacement, pourvu qu'il soit compatible avec les liaisons ; elle doit donc être satisfaite quand même les conditions (5) ne le seraient pas, pourvu que les égalités (4) le soient.

Mais, si nous tenons compte des conditions (6), l'équation (3) se réduira à

$$\beta\int\lambda\, d\sigma + \beta'\int\lambda\, d\sigma' + \beta''\int\lambda\, d\sigma'' = 0$$

ou, en tenant compte des équations de liaison (4),

$$(\beta + \beta' - \beta'')\int\lambda\, d\sigma = 0$$

Pour qu'elle soit satisfaite pour des valeurs de l'intégrale différentes de zéro, il faut et il suffit que

$$\beta + \beta' - \beta'' = 0.$$

Telle est la nouvelle condition qu'il faut joindre aux conditions (6) pour qu'il y ait équilibre.

Les trois premières des équations (6) sont respectivement les équations des surfaces S, S', S''. La quatrième exprime que les projections des tensions au point C sur la droite CF est nulle, puisque φ, φ', φ'' sont les angles de cette droite avec les tangentes menées par F dans le plan normal en ce point à la courbe d'intersection. Comme la direction de CF est arbitraire, cette équation exprime que les trois tensions en C doivent se faire équilibre.

Cette condition permet de trouver les angles de raccordement des trois surfaces, quand on connait les valeurs des tensions. Il suffit pour cela de construire un triangle dont les côtés sont égaux aux tensions. Un des angles de ce triangle et les suppléments des deux autres sont les angles de raccordement.

Il peut se faire que les valeurs des tensions soient telles que la construction du triangle devienne impossible. Dans ce cas, il n'y a pas équilibre, l'une des conditions de l'équilibre n'étant pas satisfaite, et le liquide surnageant s'étend indéfiniment sur la surface du liquide le plus dense.

C'est ce qui arrive pour une goutte d'huile d'olive placée sur la surface libre de l'eau. La tension superficielle de l'huile en contact avec l'air étant égale à 37 dynes, celle de l'huile en contact avec l'eau à 21 dynes, et enfin celle de l'eau avec l'air ayant pour valeur 81, l'un des côtés du triangle est plus grand que la somme des deux autres, car

$$81 > 37 + 21,$$

et l'équilibre ne peut se produire.

Cependant, si la goutte d'huile est de faible volume et la surface de l'eau suffisamment grande, on constate que la goutte d'huile cesse de s'étaler avant d'atteindre les parois du vase. Il y a donc un état d'équilibre. Mais ce fait n'infirme pas la théorie, car celle-ci suppose que la distance des surfaces S et S', qui limitent l'huile, est supérieure au rayon d'activité moléculaire, ce qui cesse d'avoir lieu quand la goutte d'huile est suffisamment étalée.

55. Liquides superposés contenus dans un tube capillaire. — Soient, comme précédemment, S (*fig.* 53) la surface libre du liquide le moins dense; S', sa surface de contact avec le liquide inférieur; S'', la surface libre de ce dernier liquide; $\frac{\theta_1}{2}, \frac{\theta'_1}{2}, \frac{\theta''_1}{2}$, les tensions superficielles sur ces surfaces. Introduisons, en outre, les surfaces de contact S_1 et S'_1 du tube avec le liquide supérieur et le liquide inférieur, ainsi que les coefficients que j'ai appelés

$$\eta_1 - \frac{\theta_1}{2}, \qquad \eta'_1 - \frac{\theta'_1}{2},$$

dans les chapitres I et II, mais que j'appellerai η_1 et η'_1 désormais, afin d'abréger l'écriture, changeant ainsi le sens des notations employées jusqu'à présent.

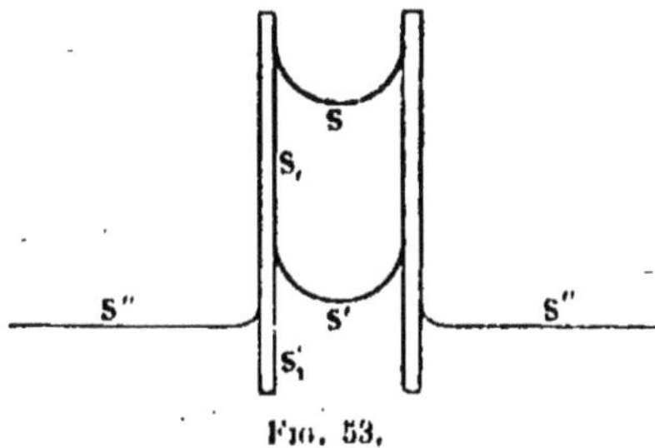

Fig. 53.

Pour un déplacement virtuel du liquide intérieur au tube, le travail des forces capillaires est

$$-\frac{\theta_1}{2}\,\delta S - \frac{\theta'_1}{2}\,\delta S' + \eta_1\,\delta S_1 + \eta'_1\,\delta S'_1.$$

On a encore

$$\delta S = \int \lambda \left(\frac{1}{R} + \frac{1}{R_1}\right) d\sigma + \int \lambda\, ds \operatorname{cotg} \varphi$$

$$\delta S' = \int \lambda \left(\frac{1}{R'} + \frac{1}{R'_1}\right) d\sigma' + \int \lambda\, ds \operatorname{cotg} \varphi'$$

φ et φ' étant les angles de raccordement des liquides et du tube.

Si la surface S se déformait seule, la variation de S_1 serait, d'après une formule précédemment trouvée

$$\int \frac{\lambda\, ds}{\sin\varphi};$$

mais, comme S′ se déforme en même temps, on a

$$\delta S_1 = \int \frac{\lambda\, ds}{\sin\varphi} - \int \frac{\lambda\, ds}{\sin\varphi}$$

et

$$\delta S_1' = \int \frac{\lambda\, ds'}{\sin\varphi'}$$

Portons ces valeurs de δS, $\delta S'$, δS_1, $\delta S_1'$ dans l'expression du travail des forces capillaires. Il vient

$$-\int \lambda \frac{\theta_1}{2}\left(\frac{1}{R}+\frac{1}{R_1}\right) d\sigma - \int \lambda \frac{\theta_1'}{2}\left(\frac{1}{R'}+\frac{1}{R_1'}\right) d\sigma'$$

$$+\int \lambda\left(\frac{\eta_1}{\sin\varphi} - \frac{\theta_1}{2}\operatorname{cotg}\varphi\right) ds + \int \lambda\left(\frac{\eta_1'}{\sin\varphi'} - \frac{\eta_1}{\sin\varphi'} - \frac{\theta_1'}{2}\operatorname{cotg}\varphi'\right) ds'.$$

Le travail de la pesanteur est

$$g\rho U\delta Z + g\rho_1 U_1 \delta Z_1 = g\rho\int\lambda z\, d\sigma' + g\rho_1\int\lambda z\, d\sigma - g\rho_1\int\lambda z\, d\sigma',$$

comme il est facile de le voir, d'après ce qui a été dit au n° 53.

En écrivant que la somme de ces travaux est nulle nous obtenons la condition d'équilibre

$$\int\lambda\left[g\rho_1 z - \frac{\theta_1}{2}\left(\frac{1}{R}+\frac{1}{R_1}\right)\right] d\sigma - \int\lambda\left[g(\rho-\rho_1)z - \frac{\theta_1'}{2}\left(\frac{1}{R'}+\frac{1}{R_1'}\right)\right] d\sigma$$

$$+\int\lambda\left(\frac{\eta_1}{\sin\varphi} - \frac{\theta_1}{2}\operatorname{cotg}\varphi\right) ds + \int\lambda\left(\frac{\eta_1'}{\sin\varphi'} - \frac{\eta_1}{\sin\varphi'} - \frac{\theta_1'}{2}\operatorname{cotg}\varphi'\right) ds' = 0 \quad (7)$$

à laquelle nous devons joindre l'équation de liaison

$$\delta U_1 = \int \lambda \, d\sigma - \int \lambda \, d\sigma' = 0,$$

qui exprime que le volume du liquide compris entre les surfaces S et S' demeure constant.

L'équation (7) étant de la même forme que l'équation (3), elle conduit à des équations analogues à celles déjà trouvées, c'est-à-dire à

$$\left.\begin{aligned} g\rho_1 z - \frac{\theta_1}{2}\left(\frac{1}{R}+\frac{1}{R_1}\right) &= \beta \\ g(\rho-\rho_1) - \frac{\theta_1'}{2}\left(\frac{R'}{1}+\frac{R_1'}{1}\right) &= \beta' \end{aligned}\right\} \quad (8)$$

où β et β' sont des constantes, et à

$$\left.\begin{aligned} \frac{\eta_1}{\sin\varphi} - \frac{\theta_1}{2}\operatorname{cotg}\varphi &= 0, \\ \frac{\eta_1'}{\sin\varphi'} - \frac{\eta_1}{\sin\varphi'} - \frac{\theta_1'}{2}\operatorname{cotg}\varphi' &= 0. \end{aligned}\right\} \quad (9)$$

Les équations (8) sont les équations des surfaces S et S'. Les constantes β et β' ne sont pas indépendantes, car, si les équations (8) et (9) sont satisfaites, l'équation (7) ne l'est que si l'on a

$$\beta + \beta' = 0 \quad (10)$$

Les équations (9) peuvent s'écrire

$$\eta_1 = \frac{\theta_1}{2}\cos\varphi,$$

$$\eta_1' - \eta_1 = \frac{\theta_1'}{2}\cos\varphi',$$

d'où l'on déduit

$$\eta_1' = \frac{\theta_1}{2} \cos \varphi + \frac{\theta_1'}{2} \cos \varphi'.$$

Si le liquide le plus dense était seul dans le tube on aurait une relation analogue à la précédente, mais dont le second membre ne contiendrait qu'un seul terme. En appelant φ'' l'angle de raccordement de la surface du tube et de la surface du liquide le plus dense supposé seul dans le tube, et $\frac{\theta_1''}{2}$ la tension superficielle de la surface du contact de ce liquide et de l'air, on a donc

$$\eta_1' = \frac{\theta_1''}{2} \cos \varphi'',$$

et, par conséquent,

$$\frac{\theta_1''}{2} \cos \varphi'' = \frac{\theta_1}{2} \cos \varphi + \frac{\theta_1'}{2} \cos \varphi', \qquad (11)$$

Telle est la relation d'équilibre entre les trois tensions et les trois angles de raccordement.

56. Proposons-nous de calculer le poids du liquide situé dans le tube au-dessus du plan horizontal passant par la surface libre du liquide le plus dense à une grande distance des parois solides, plan que nous pouvons prendre pour plan des yx.

Le volume du liquide inférieur est

$$U = -\int_{z'} z \, dx \, dy.$$

et celui qui est compris entre le plan des xy et la surface libre S est

$$U + U_1 = -\int_s z \, dx \, dy.$$

Si nous tenons compte des équations (8) qui donnent les valeurs de z pour les deux surfaces S et S′, il vient

$$g(\rho - \rho_1) U = -\iint_{s'} \left[\frac{\theta_1'}{2}\left(\frac{1}{R'} + \frac{1}{R_1'}\right) + \beta'\right] dx \, dy,$$

$$g\rho_1 (U + U_1) = -\iint_{s} \left[\frac{\theta_1}{2}\left(\frac{1}{R} + \frac{1}{R_1}\right) + \beta\right] dx \, dy.$$

Or on a

$$g(\rho - \rho_1) U + g\rho_1 (U + U_1) = g\rho U + g\rho_1 U_1.$$

Le second membre de cette égalité est précisément le poids des liquides contenus dans le tube capillaire au-dessus du plan des xy. Nous avons donc pour ce poids

$$P = -\iint_{s} \left[\frac{\theta_1}{2}\left(\frac{1}{R} + \frac{1}{R_1}\right) + \beta\right] dx \, dy - \iint_{s'} \left[\frac{\theta_1'}{2}\left(\frac{1}{R'} + \frac{1}{R_1'}\right) + \beta'\right] dx \, dy$$

mais, au n° 12, nous avons démontré que

$$\frac{1}{R} + \frac{1}{R_1} = -\left(\frac{dl}{dx} + \frac{dm}{dy}\right)$$

l et m étant les cosinus de la normale à la surface libre avec les axes des x et des y, et qu'on avait

$$\iint \left(\frac{dl}{dx} + \frac{dm}{dy}\right) dx \, dy = s \cos \varphi$$

s étant la longueur de la courbe d'intersection de la surface intérieure du tube avec un plan de section droite. Par conséquent

$$P = \frac{\theta_1}{2} s \cos\varphi + \beta\Omega + \frac{\theta_1'}{2} s \cos\varphi' + \beta'\Omega$$

Ω étant de la section droite du tube. Par suite de la relation (10) entre β et β', cette expression se réduit à

$$P = \frac{\theta_1}{2} s \cos\varphi + \frac{\theta_1'}{2} s \cos\varphi',$$

que l'on peut encore écrire, à cause de la relation (11),

$$P = \frac{\theta_1''}{2} s \cos\varphi''.$$

Or cette dernière expression est celle du poids du liquide soulevé dans un tube capillaire vertical plongeant dans le liquide le plus dense, la surface de ce liquide dans le tube étant en contact avec l'air. Nous arrivons donc à cette conclusion que le poids du liquide soulevé dans un tube capillaire contenant deux liquides superposés ne dépend que du liquide inférieur.

57. Surface d'un liquide dans le voisinage d'une lame plane verticale. — Si cette lame L (*fig.* 54) est suffisamment large nous pouvons regarder les surfaces ABC, A'B'C' du liquide, de part et d'autre de la lame, comme étant cylindriques. L'équation générale de la surface ABC

$$g\rho z = \frac{\theta_1}{2}\left(\frac{1}{R} + \frac{1}{R_1}\right) + \beta$$

se réduit alors à

$$g\rho z = \frac{\theta_1}{2}\frac{1}{R} + \beta,$$

l'un des rayons de courbure devenant infini.

Prenons pour plan des xy le plan horizontal passant par la surface libre du liquide à une distance considérable de la

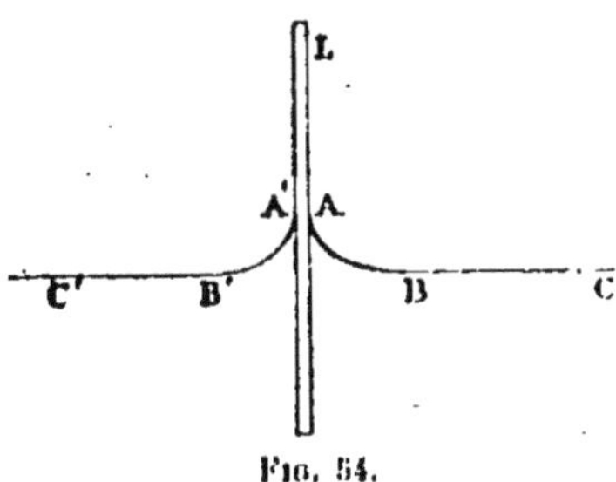

Fig. 54.

lame. On doit avoir $z = 0$ pour $R = \infty$; par suite, β est nul. Si nous posons, pour simplifier,

$$\frac{\theta_1}{2} = \mu g \rho, \tag{12}$$

il vient pour l'équation de la surface ABC

$$z = \frac{\mu}{R}. \tag{13}$$

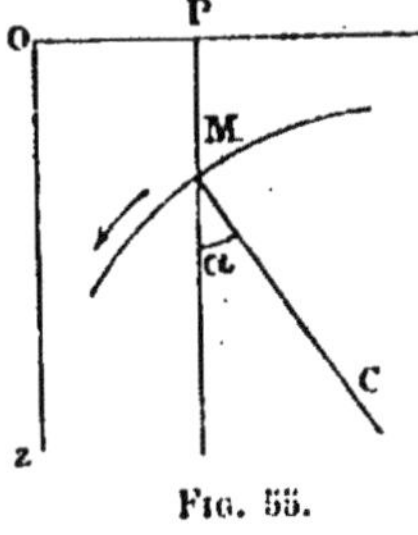

Fig. 55.

Considérons un point M de cette surface (*fig.* 55) et menons la parallèle PM à l'axe de z qui passe par ce point, ainsi que la normale MC. L'angle de ces deux directions étant désigné par α, nous avons pour la valeur du rayon de courbure MC,

$$\frac{1}{R} = \frac{d\alpha}{ds},$$

les arcs s étant comptés positivement dans le sens de la

flèche. Nous avons, en outre,

$$dz = ds \sin \alpha.$$

Par conséquent l'équation (13) peut s'écrire

$$z = \mu \frac{\sin \alpha \, d\alpha}{dz},$$

ou

$$d \cos \alpha = - \frac{z \, dz}{\mu}.$$

On en déduit

$$\cos \alpha = - \frac{z^2}{2\mu} + \gamma.$$

Si nous supposons l'origine o des axes de coordonnées suffisamment éloignée de la lame, nous avons en ce point

$$\alpha = 0, \qquad \cos \alpha = 1, \qquad z = 0;$$

par suite la constante d'intégration γ doit avoir pour valeur 1, et l'on a

$$\frac{z^2}{2\mu} = 1 - \cos \alpha = 2 \sin^2 \frac{\alpha}{2};$$

d'où

$$z = 2 \sqrt{\mu} \sin \frac{\alpha}{2}. \tag{14}$$

Pour avoir x, remarquons que

$$dx = - ds \cos \alpha = - dz \operatorname{cotg} \alpha;$$

par conséquent x est donné par l'intégrale elliptique

$$x = - \int dz \operatorname{cotg} \alpha.$$

Mais, pour la discussion de la courbe, il n'est pas besoin de considérer cette intégrale ; l'équation (14) suffit.

A titre d'exemple proposons-nous de calculer l'ordonnée d'un point de la ligne de raccordement. En appelant φ l'angle de raccordement, nous avons

$$\varphi = 90^\circ + \alpha;$$

par suite l'ordonnée cherchée est

$$z_1 = 2\sqrt{\mu} \sin \frac{\varphi - 90^\circ}{2} = 2\sqrt{\mu} \sqrt{\frac{1 - \sin\varphi}{2}}$$

ou, en remplaçant μ par sa valeur déduite de (12),

$$z_1 = \sqrt{\frac{\theta_1}{g\rho}(1 - \sin\varphi)},$$

le radical devant être pris avec le signe +, si l'angle de raccordement est aigu, comme dans le cas du mercure et du verre, et avec le signe —, si l'angle de raccordement est obtus.

58. Gouttes de grandes dimensions reposant sur un liquide plus dense. — Au n° 54 nous avons vu que les angles que forment entre eux les plans tangents aux surfaces S, S′, S″ menés par un point de la ligne de raccordement peuvent être déterminés par la construction d'un triangle ayant ses côtés proportionnels aux trois tensions superficielles. Lorsque la goutte est de grandes dimensions, il est facile de fixer, en outre, la position de ces plans dans l'espace.

Les équations des surfaces S,S′,S″, sont les trois premières du groupe (6) ; quand la goutte est très grande, on peut confondre ces surfaces avec des surfaces cylindriques et, par suite, regarder comme excessivement grand l'un des rayons de courbure. Ces équations deviennent donc

$$g\rho_1 z = \frac{\theta_1}{2}\frac{1}{R} + \beta,$$

$$g(\rho - \rho_1) z = \frac{\theta_1'}{2}\frac{1}{R'} + \beta',$$

$$g\rho z = \frac{\theta_1''}{2}\frac{1}{R''} + \beta''.$$

Remarquons qu'en un point de la surface S suffisamment éloigné de la courbe de raccordement le rayon de courbure est infini, la surface se confondant avec un plan horizontal. Par conséquent, si z_0 est la distance de ce plan au plan des xy, β est égal à $g\rho_1 z_0$. Si nous posons

$$\frac{\theta_1}{2} = \mu g \rho_1,$$

la première des équations précédentes devient

$$z - z_0 = \frac{\mu}{R},$$

et par une transformation analogue à celle que, dans le paragraphe précédent, nous avons fait subir à l'équation (13) nous obtenons

$$z - z_0 = 2\sqrt{\mu} \sin\frac{\alpha}{2}.$$

Nous avons de même pour les deux autres surfaces

$$z - z_0' = 2\sqrt{\mu'} \sin\frac{\alpha'}{2},$$

$$z - z_0'' = 2\sqrt{\mu'} \sin\frac{\alpha''}{2}.$$

Mais nous avons vu que les constantes β, β', β'' des équations des surfaces sont liées par la relation

$$\beta + \beta' - \beta'' = 0.$$

On a donc ici

$$g\rho_1 z_0 + g(\rho - \rho_1) z'_0 - g\rho z''_0 = 0.$$

Or, si nous multiplions respectivement $z - z_0$, $z - z'_0$, $z - z''_0$ par $g\rho_1$, $g(\rho - \rho_1)$, $-g\rho$ nous obtenons en additionnant

$$g\rho_1 (z - z_0) + g(\rho - \rho_1)(z - z'_0) - g\rho (z - z''_0)$$
$$= - g\rho_1 z_0 - g(\rho - \rho_1) z'_0 + g\rho z''_0.$$

Cette somme de produits est donc nulle d'après la relation précédente.

Par conséquent nous devons avoir

$$g\rho_1 \sqrt{\mu} \sin \frac{\alpha}{2} + g(\rho - \rho_1) \sqrt{\mu'} \sin \frac{\alpha'}{2} - g\rho \sqrt{\mu''} \sin \frac{\alpha''}{2} = 0.$$

A cette relation entre α, α' et α'' on en ajoute deux autres en exprimant que les plans tangents font entre eux des angles φ, φ', φ'' déterminés, comme nous l'avons rappelé, par le triangle des tensions. On a alors trois relations qui déterminent les angles α, α', α'' des normales à ces plans tangents avec l'axe des z. Les positions de ces plans dans l'espace sont dès lors fixées, du moins approximativement, puisque le raisonnement suppose la goutte infiniment large.

59. Gouttes reposant sur un plan horizontal. — La

surface libre de cette goutte est toujours donnée par l'équation

$$g\rho z = \frac{\theta_1}{2}\left(\frac{1}{R} + \frac{1}{R_1}\right) + \beta.$$

Cherchons son volume U. Le plan sur lequel repose la goutte étant pris pour plan des xy, ce volume est donné par

$$U = \iint z \, dx \, dy.$$

Par suite

$$g\rho U = \frac{\theta_1}{2}\iint\left(\frac{1}{R} + \frac{1}{R_1}\right) dx \, dy + \beta\iint dx \, dy.$$

Si la goutte est de révolution, et si r est le rayon de la circonférence de raccordement AB (*fig.* 56), on a

$$\iint dx \, dy = \pi r^2.$$

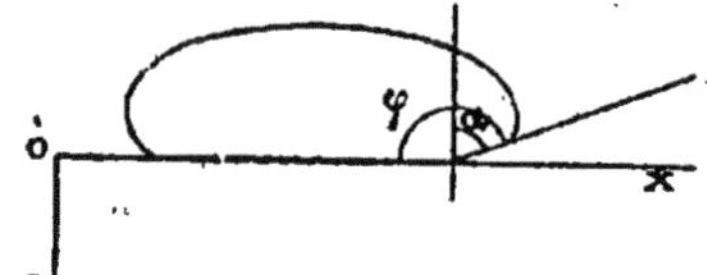

FIG. 56.

D'autre part, nous avons vu (§ 12) que l'on a

$$\iint\left(\frac{1}{R} + \frac{1}{R_1}\right) = s \cos \alpha,$$

s étant le périmètre de la courbe de raccordement, et α l'angle du plan tangent à la surface en un point de cette courbe avec la verticale. En appelant φ l'angle de raccordement, on a $\cos \alpha = \sin \varphi$. Par conséquent, il vient

$$g\rho U = \frac{\theta_1}{2} 2\pi r \sin \varphi + \beta \pi r^2.$$

La constante β peut se déduire de la hauteur h de la goutte, quand cette goutte est large.

En effet, la goutte étant de révolution, les deux rayons de courbure sont égaux au point le plus élevé pour lequel $Z = h$. Par conséquent, on a

$$-g\rho h = \frac{\theta_1}{2}\frac{2}{R} + \beta,$$

relation qui détermine β en fonction de R et de h. Dans le cas où la goutte est large on a sensiblement $R = \infty$, et il vient

$$\beta = -g\rho h.$$

Faisons observer que nous avons admis que la goutte est de révolution. Cette hypothèse est légitime, car, si la goutte n'est pas de révolution, nous pouvons toujours trouver une goutte de révolution dont les sections par des plans horizontaux aient des aires égales aux sections de la goutte considérée par les mêmes plans. Les volumes des deux gouttes sont alors égaux, et nous pouvons regarder l'une comme résultant de la déformation de l'autre, la surface de contact avec le plan restant la même. Or, il serait facile de démontrer, comme nous l'avons fait, à propos des expériences de Plateau (§ 43), que la surface de la goutte de révolution est plus petite que celle de la goutte qui n'est pas de révolution. Par conséquent, quand on passe de celle-ci à l'autre, le travail des forces capillaires, qui se réduit à $-\theta_1\,\delta S$, puisque la surface de contact avec le plan ne change pas, est positif. Le travail de la pesanteur a pour expression

$$\delta\int g\rho\Omega\,dz$$

Ω étant la section de la goutte par un point horizontal ; comme Ω a la même valeur pour les deux gouttes cette variation est nulle.

La somme de ces travaux, quand on passe de la forme non de révolution à la forme de révolution est donc positive. Par conséquent, l'énergie d'une goutte non de révolution n'est pas un minimum absolu. Une telle goutte ne peut donc être en équilibre stable, et il n'y a lieu de considérer que les gouttes de révolution.

Cependant l'expérience montre que l'on peut obtenir, sur une surface plane, des gouttes qui ne sont pas de révolution. Dans ce cas, l'équilibre ne peut s'expliquer que par la viscosité du liquide. Encore faut-il entendre par ce mot une viscosité superficielle beaucoup plus grande que la viscosité ordinaire, ou résistance aux mouvements intérieurs.

60. Suspension d'un index de liquide dans un tube capillaire. — Considérons un tube conique de révolution, et soient AB et A'B' (*fig.* 57) les surfaces libres de l'index dans sa position d'équilibre. Prenons pour axe des x une horizontale passant par le sommet O du cône, et pour axe des z l'axe du tube que nous supposerons vertical.

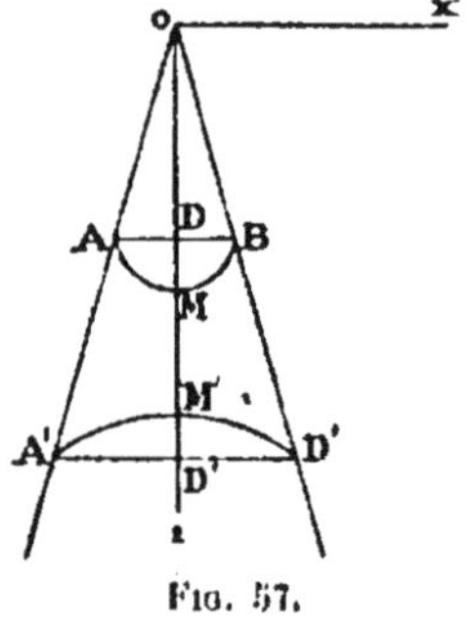

Fig. 57.

Si Z est l'ordonnée du centre de gravité de l'index, le moment de la pesanteur par rapport au plan des xy est $g\rho UZ$. Ce moment est aussi égal au moment du volume, O'A'M'B' diminué du moment du volume OAMB. Si nous négligeons les moments des volumes AMBD, A'M'B'D', et si nous appelons z et z' les distances du sommet O au plan AB, A'B' passant par les courbes de raccordement, nous avons

$$\text{moment de OAB} = az^4,$$

a étant une constante qui est égale au produit de π par le carré de la tangente de l'angle que forment les génératrices avec l'axe. Le moment de OA'B' étant donné par une expression analogue, nous obtenons

$$g\rho UZ = az'^4 - az^4.$$

Par conséquent, le terme de l'énergie potentielle de l'index provenant de l'action de la pesanteur est

$$-g\rho UZ = az^4 - az'^4.$$

Si nous négligeons les variations des surfaces AMB et A'M'B'. le terme provenant des actions capillaires est $-\eta S_1$. S_1 étant la surface de contact du liquide et du tube, cette surface est la surface latérale d'un tronc de cône de hauteur $z' - z$; elle est égale à

$$b'(z'^2 - z^2),$$

b' étant une constante. Nous pouvons donc écrire pour l'énergie potentielle due aux actions capillaires

$$-\eta S_1 = b(z^2 - z'^2).$$

Pour qu'il y ait équilibre l'énergie potentielle totale

$$a(z^4 - z'^4) + b(z^2 - z'^2)$$

doit être minimum. Par suite, on doit avoir

$$(2az^3 + bz)\,dz - (2az'^3 + bz')\,dz' = 0.$$

Mais le volume de la goutte restant constant, on a

$$z'^3 - z^3 = \text{const.}$$

et par suite

$$2z^2\,dz - 2z'^2\,dz' = 0$$

En éliminant dz et dz' entre les deux équations contenant ces différentielles, il vient

$$(1) \qquad \frac{2az^2 + b}{z} = \frac{2az'^2 + b}{z'}.$$

Il faut donc que la fonction $2at + \frac{b}{t}$ prenne deux valeurs égales pour deux valeurs différentes et de même signe de la variable t. Or, cette condition peut être remplie, car le premier membre de (1) admet un minimum pour une certaine valeur de z, et l'on s'explique ainsi la possibilité de l'équilibre d'un index dans un tube conique.

Nous ne pourrions raisonner de la même manière pour un tube cylindrique, et il est d'ailleurs facile de se rendre compte que dans un tel tube il ne doit pas y avoir équilibre. En effet, si on donne à l'index un déplacement vers le bas, le travail des forces capillaires est nul, puisque l'index ne se déforme pas, tandis que le travail de la pesanteur diminuè. L'énergie potentielle de l'index dans sa position primitive n'était donc pas minimum et, par suite, l'index n'était pas en équilibre.

Cependant l'expérience montre qu'il y a équilibre dans un tube cylindrique. On dit souvent que ce fait provient de ce que, pratiquement, un tube cylindrique est toujours un tube conique plus ou moins accentué. Mais cette raison ne suffit pas, et l'équilibre observé ne peut s'expliquer que par l'existence d'une viscosité superficielle.

61. Attraction ou répulsion entre deux lames verticales. — Soient L et L_1 les deux lames (*fig.* 58), et soit X la force normale qu'il faut appliquer à la lame L pour la maintenir en équilibre. Donnons à cette lame un déplace-

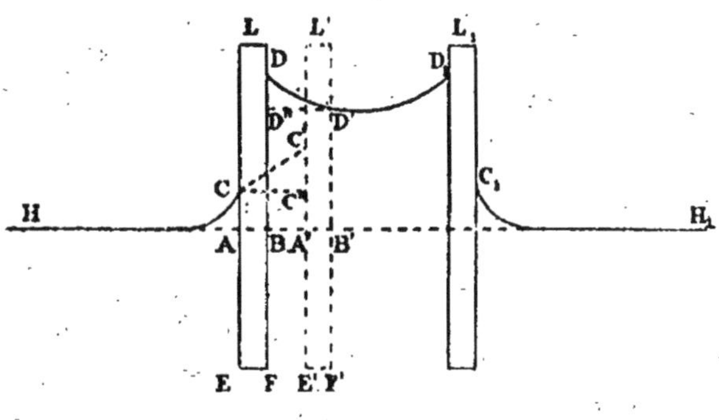

Fig. 58.

ment virtuel l'amenant en L' dans une position parallèle, et écrivons que la somme des travaux, accomplis pendant le déplacement, de toutes les forces du système est égale à zéro. L'équation ainsi obtenue détermine X.

En général, la forme des surfaces libres du liquide est modifiée par le déplacement. Mais, comme la somme des travaux des forces doit être nulle pour un déplacement *virtuel quelconque*, nous pouvons prendre pour déplacement virtuel celui qui correspond à des surfaces libres identiques avant et après ce déplacement.

Dans cette hypothèse le travail des forces capillaires est

nul. En effet, ce travail a pour expression

$$T_c = -\frac{\theta_1}{2}\delta S + \eta_1 \delta S_1,$$

S étant l'aire de la surface libre, S_1 celle de la surface de contact du liquide et des lames. En appelant l la longueur de la lame perpendiculairement au plan de la figure, on a

$$\delta S = l \times CC' - l\,DD',$$

et en désignant par ε le déplacement AA′ de la lame, et par φ l'angle de raccordement

$$CC' = \frac{\varepsilon}{\sin\varphi}, \qquad DD' = \frac{\varepsilon}{\sin\varphi},$$

d'où

$$\delta S = l\left(\frac{\varepsilon}{\sin\varphi} - \frac{\varepsilon}{\sin\varphi}\right) = 0.$$

D'autre part,

$$\delta S_1 = l\,(C'C'' - D'D''),$$

ou

$$\delta S_1 = l\,(\varepsilon \cot g\,\varphi - \varepsilon \cot g\,\varphi) = 0.$$

Le travail des forces capillaires est donc bien nul.

Évaluons le travail de la pesanteur : il est égal à la variation de la somme des moments des forces dues à la pesanteur par rapport à un plan horizontal, par exemple, le plan HH qui passe par la surface libre du liquide loin des lames. Puisque la lame est déplacée parallèlement à elle-même, les portions plongées ABEF, A′B′E′F′ restent les mêmes, et le centre de gravité de tout ce qui est situé au-dessous du plan HH reste dans un même plan horizontal. Le moment de la pesanteur pour toute cette portion du système ne varie donc pas. Pour la portion située au-dessus de ce plan la somme des moments des forces dues à la pesanteur se réduit à la différence des moments des volumes de sections ACA′C′, BDB′D′, car, par hypothèse, le déplacement est tel que la forme des surfaces libres ne change pas. Or ces sections peuvent être confondues respectivement avec les rectangles ACA′C″, BDB′D″, puisque les triangles CC′C″, DD′D″ ont des aires infiniment petites du second ordre. Donc on a pour le travail de la pesanteur

$$T_p = \text{moment du vol. ACA'C''} - \text{moment du vol. ADA'D''},$$

ou

$$\begin{aligned} T_p &= -g\rho l\varepsilon\,\mathrm{CA}.\frac{\mathrm{CA}}{2} + g\rho l\varepsilon\,\mathrm{DB}.\frac{\mathrm{DB}}{2}, \\ &= -g\rho l\varepsilon\left(\frac{\overline{\mathrm{CA}}^2 - \overline{\mathrm{DB}}^2}{2}\right). \end{aligned}$$

Le travail de la force X ayant pour valeur $-\varepsilon X$, la force étant comptée positivement de droite à gauche, l'équation d'équilibre est

$$-\varepsilon X - g\rho l\varepsilon\frac{\overline{\mathrm{CA}}^2 - \overline{\mathrm{DB}}^2}{2} = 0,$$

d'où l'on tire

$$X = -g\rho l\frac{\overline{\mathrm{CA}}^2 - \overline{\mathrm{DB}}^2}{2}.$$

Pour que X soit positif ou, ce qui revient au même, pour qu'il y ait attraction de la lame considérée par l'autre, il faut que l'on ait

$$\overline{\mathrm{DB}}^2 > \overline{\mathrm{CA}}^2$$

Cette condition peut être satisfaite aussi bien dans le cas où le liquide s'élève dans le voisinage de la lame (lame de verre dans l'eau) que dans celui où le liquide s'abaisse (lame de verre dans le mercure). Il faut dans le premier cas que le liquide s'élève plus le long de la face BD que le long de la face AC ; dans le second, que le liquide s'abaisse plus le long de BD que le long de AC.

62. Cette condition peut s'exprimer autrement.

Nous avons vu précédemment (57) que, dans le voisinage d'une lame plane, la surface d'un liquide satisfait à l'équation

$$\cos\alpha = -\frac{z^2}{2\mu} + \gamma,$$

γ étant une constante, α l'angle de la normale intérieure à la surface avec la direction positive de l'axe des z, et μ étant défini par la relation

$$\frac{\theta_1}{2} = \mu g \rho.$$

Si nous considérons la portion de surface HC située en dehors des lames, nous devons avoir pour un point suffisamment éloigné des lames

$$\alpha = 0 \qquad \text{et} \qquad z = 0;$$

par suite $\gamma = 1$ pour cette portion de surface.

Pour la surface comprise entre les deux lames, γ peut avoir une valeur quelconque qui dépend de l'écartement des lames; soit C cette valeur.

Au point C, nous avons

$$z = \text{CA} \qquad \cos\alpha = \sin\varphi;$$

donc

$$\sin\varphi = -\frac{\overline{CA}^2}{2\mu} + 1.$$

Pour le point D,

$$x = DB; \qquad \cos\alpha = \sin\varphi,$$

et par suite

$$\sin\varphi = -\frac{\overline{DB}^2}{2\mu} + C.$$

On a donc

$$\overline{DB}^2 - \overline{CA}^2 = 2\mu (C - 1),$$

et par conséquent

$$X = g\rho l\mu (C - 1) = \frac{\theta_1}{2} l (C - 1)$$

Le signe de X dépend de la valeur de C. On voit qu'il y a attraction si C est plus grand que 1, répulsion dans le cas contraire. D'ailleurs, il est presque évident que, si l'on cherche la force X qu'il faut appliquer à la seconde lame pour la maintenir en équilibre, on doit trouver la même expression. On peut donc dire que X représente l'attraction ou la répulsion mutuelle des deux lames.

63. Cherchons quel est le signe de X dans les divers cas qui peuvent se présenter ; nous ne supposons pas que les deux lames soient formées d'une même substance.

Supposons d'abord que les angles de raccordement des surfaces des lames et des surfaces liquides soient tous aigus. Au point D, l'angle α est négatif ; au point D_1, il est positif. Il existe donc un point de la surface DD_1 pour lequel α est nul; pour ce point on a

$$1 = C - \frac{z^2}{2\mu},$$

et comme $\frac{z^2}{2\mu}$ est une quantité essentiellement positive, il faut que l'on ait

$$C > 1.$$

Il y aura donc attraction entre les lames.

Si nous supposons les angles de raccordement obtus, α est positif au point D, négatif au point D_1. Par conséquent, il existe un point pour lequel α est nul, et l'on arrive encore à la conclusion précédente.

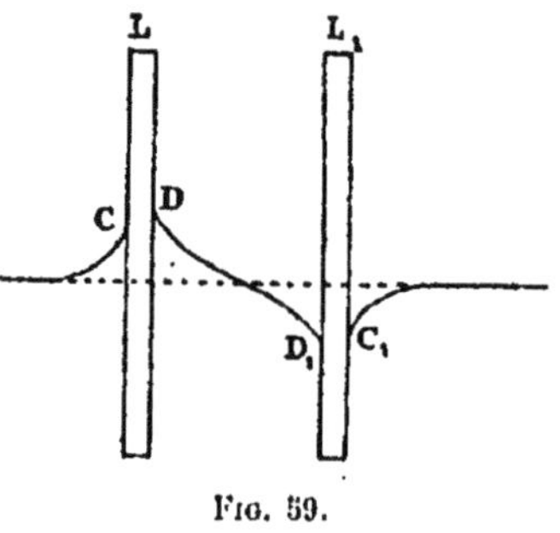

Fig. 59.

Quand les angles de raccordement avec l'une des lames sont aigus et que les angles de raccordement avec l'autre sont obtus, la surface DD_1 coupe, en général, le plan des xy (*fig.* 59). Par suite, z change de signe quand on passe de D en D_1 et comme on a

$$z = \frac{\mu}{R}$$

le rayon de courbure change également de signe. Ce changement de signe ne peut se produire que si R devient infini. La courbe DD_1 possède donc un point d'inflexion. Or, si on construit les courbes représentées par l'équation

$$\cos\alpha = C - \frac{z^2}{2\mu}$$

en donnant successivement à C des valeurs inférieures, égales et supérieures à l'unité, on trouve que les courbes correspondant à des valeurs plus petites que 1 sont les seules qui puissent avoir des points d'inflexion à distance finie. Il faut donc que, dans le cas considéré, on ait $C < 1$, et il y a alors répulsion.

Mais les angles de raccordement peuvent être aigus pour l'une des lames et obtus pour l'autre, sans que la surface liquide comprise entre les lames coupe le plan des xy. Alors la courbe d'intersection de cette surface par le plan de la figure ne présente pas de point d'inflexion, et C doit être égal ou supérieur à l'unité. Dans ce dernier cas, il y a nécessairement attraction des lames ; quand $C = 1$, il y a équilibre. Voyons quelles sont les formes des surfaces liquides qui correspondent à cet équilibre.

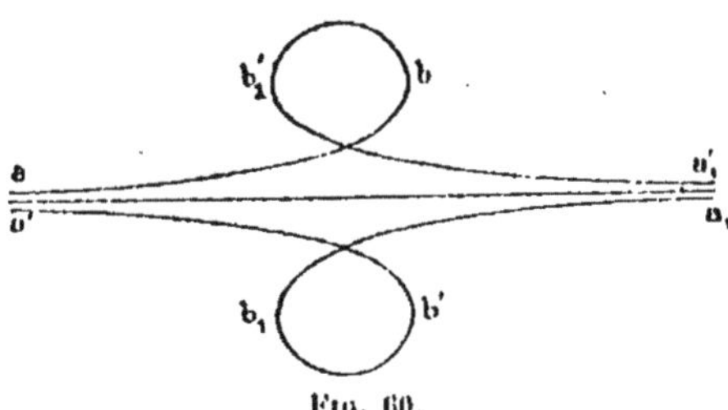

FIG. 60.

Puisque $C = 1$ la section de la surface libre du liquide appartient à la courbe

$$\cos \alpha = 1 - \frac{z^2}{2\mu}.$$

Si l'on construit cette courbe en donnant à α toutes les valeurs comprises entre $-\pi$ et $+\pi$, on obtient la figure 60. Mais, en opérant avec des lames verticales, on ne peut obtenir toutes les portions de cette courbe, car, puisque φ est toujours compris entre o et π et que l'on a $\alpha = 90° - \varphi$, α ne peut varier qu'entre $-\frac{\pi}{2}$ et $+\frac{\pi}{2}$. Les portions de la courbe correspondant à ces valeurs de α s'étendent depuis l'infini jusqu'aux points où la tangente à la courbe est verticale ; ce sont donc les arcs ab, $a'b'$, a_1b_1, $a'_1b'_1$. De plus, puisque la surface libre du liquide devient plane à une distance suffisamment grande des lames, la section de la surface liquide située à gauche de la lame L est nécessairement une portion de ab ou de $a'b'$; pour la même raison, la section de la surface liquide située à droite de la lame L_1 est une portion de b_1a_1 ou de $b'_1a'_1$.

Supposons que l'angle de raccordement avec L est aigu,

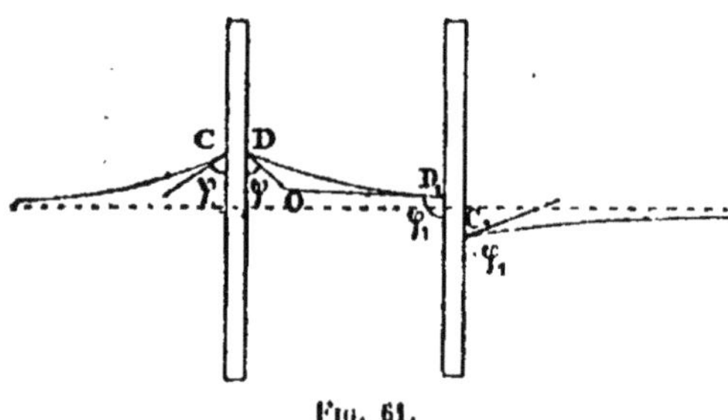

Fig. 61.

et l'angle de raccordement avec L_1 obtus. Les seules portions de courbe qui peuvent alors convenir en dehors des lames sont ab pour la gauche, et a_1b_1 pour la droite. Entre les deux lames on peut avoir une courbe symétrique, soit de la portion utilisée de ab, soit de la portion utilisée de a_1b_1, car il est évident que, dans les deux cas, les angles de raccordement de la surface libre intérieure aux lames avec ces lames seront respectivement égaux aux angles de raccordement extérieurs. Les figures 61 et 62 représentent les sections des trois surfaces libres dans ces deux cas. On voit facilement que, dans le premier, la somme $\varphi + \varphi_1$ des angles du raccordement est plus petite que deux droits, tandis qu'au contraire cette somme est plus grande que deux droits dans le second.

Il reste à voir si l'état d'équilibre qui correspond à ces formes de surfaces libres est stable ou instable. Si nous

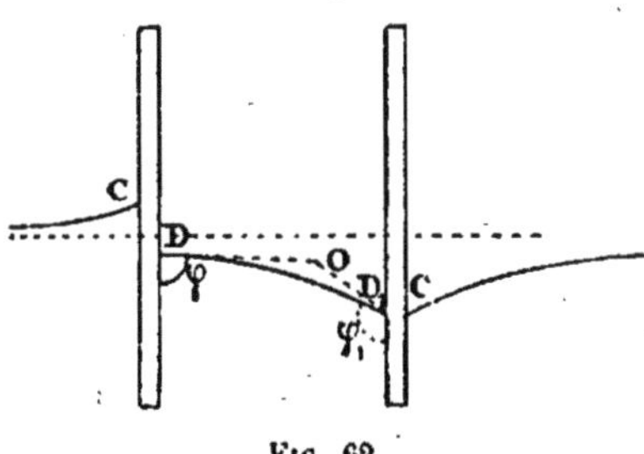

Fig. 62.

rapprochons les lames, la longueur des arcs DD_1 diminue, mais l'angle DOD_1 formé par les tangentes en D et D_1 reste constant, puisque les angles de raccordement ne varient pas. Par conséquent, la valeur absolue du rayon de courbure en un point de ces arcs diminue et, puisque $z = \frac{\mu}{R}$, la valeur absolue de z augmente. Il en résulte que l'équation

$$\cos\alpha = C - \frac{z^2}{2\mu}$$

satisfaite primitivement pour $C = 1$, ne peut plus l'être maintenant que pour des valeurs de C supérieures à l'unité.

Il y aura donc attraction entre les lames, dès qu'on les aura déplacées, en les rapprochant de leur position d'équilibre.

Par un raisonnement analogue on verrait que, si on écarte les lames, une force répulsive se produit. L'équilibre est donc instable.

En résumé, quand les angles de raccordement avec les lames sont tous aigus ou tous obtus, il y a toujours attraction; quand les angles de raccordement avec l'une des lames sont aigus, et les angles de raccordement avec l'autre lame obtus, il y a, en général, répulsion; mais, dans ce cas, il peut y avoir attraction, ou encore les lames peuvent se trouver dans un état d'équilibre instable.

64. Poussée éprouvée par un corps de révolution en partie immergé. — Soit CAD (*fig.* 63), le corps de révolution autour d'un axe CD que nous supposerons vertical. Calculons la poussée X qu'éprouve ce corps quand, en partie immergé dans un liquide de densité ρ, il est en équilibre.

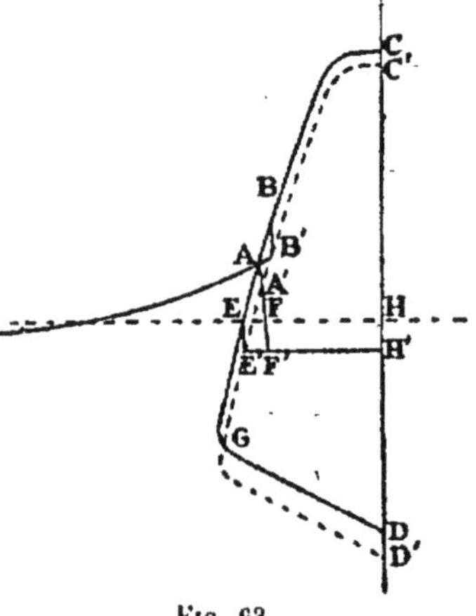

FIG. 63.

Pour cela donnons au corps un déplacement vertical ε tel que la forme de la surface libre MA ne soit pas changée, cette surface se prolongeant seulement jusqu'au contact du corps dans sa nouvelle position C'B'D', et écrivons que la somme des travaux accomplis pendant ce déplacement par toutes les forces du système est nulle.

Le travail des forces capillaires a pour valeur

$$T_c = \eta_1 \delta S_1 - \frac{0_1}{2} \delta S$$

δS_1 étant la variation de la surface de contact du solide et du liquide, et δS celle de la surface libre. En désignant par r le rayon du parallèle passant par la courbe de raccordement A, on a

$$\delta S_1 = 2\pi r AB,$$
$$\delta S = 2\pi r AB',$$

et puisque les constantes η_1 et $\frac{0_1}{2}$ sont liées par la relation

$$\eta_1 = \frac{0_1}{2} \cos\varphi,$$

φ étant l'angle de raccordement MAE, il vient

$$T_c = \frac{0_1}{2} 2\pi r (AB \cos\varphi - AB').$$

Mais, l'angle BAB' étant opposé par le sommet à l'angle φ, il est égal à ce dernier, et la quantité entre parenthèses représente la projection du contour B'AB sur la direction AB'; cette quantité est donc égale à la projection de la verticale BB' qui ferme le contour. Or, BB' est égal à CC' et, par suite, à ε; quant à l'angle de B'B et de AB', c'est l'angle formé par le plan tangent à la surface libre au point A avec la verticale; en appelant α cet angle, il vient

$$T_c = \frac{0_1}{2} 2\pi r \varepsilon \cos\alpha.$$

Évaluons maintenant le travail de la pesanteur.

Puisque le corps est en équilibre, son poids est égal et directement opposé à la poussée qu'il reçoit de la part du liquide. Celle-ci ayant été désignée par X, le travail de la pesanteur s'exerçant sur le corps est, dans le déplacement considéré,

$$X\epsilon.$$

Le travail des forces dues à la pesanteur et s'exerçant sur le liquide est égal à la variation du moment de ces forces par rapport à un plan horizontal, par exemple le plan qui passe par la surface libre du liquide loin du corps. Ayant supposé que, dans le déplacement virtuel donné au système, la surface libre n'a fait que s'étendre jusqu'au contact du corps, cette variation se réduit à

$$T_p = -\text{mom. de } GDD' + \text{mom. de } ELG + \text{mom. de } AB'EL,$$

ou

$$T_p = -\text{mom. de } LHGD' + \text{mom. de } EHGD + \text{mom. de } AB'EL.$$

Or, on peut écrire

$$\text{mom. de } LHGD' = \text{mom. de } E'H'GD' + \text{mom. de } LE'HH',$$

EE′ étant une verticale menée par le point de rencontre E du plan des xy avec le méridien du corps. Le volume LE′HH′ diffère peu de celui d'un cylindre droit de hauteur $HH' = \epsilon$; il est donc infiniment petit du premier ordre, et son moment par rapport au plan des xy est du second ordre. On peut, par suite, négliger ce moment, et il vient

$$T_p = -(\text{mom. de } E'H'GD' - \text{mom. de } EHGD) + \text{mom. de } AB'EL.$$

Mais E'H'GD' n'est autre que le volume EHGD déplacé ; par suite, la différence de leurs moments est égale au produit du déplacement vertical ε par le poids de l'un de ces volumes; on a donc

$$T_p = -\varepsilon g\rho \text{ vol. EHGD} + \text{mom. de AB'EL.}$$

Il nous reste à évaluer le moment du volume liquide AB'EL. La surface du triangle AA'B' étant infiniment petite du second ordre, le volume engendré par la rotation de ce triangle peut être négligé par rapport au volume engendré par AA'EL, de sorte que l'on a approximativement

$$\text{mom. de AB'EL} = \text{mom. de AA'EL},$$

ou encore

$$\text{mom. de AB'EL} = \text{mom. de AEF} - \text{mom. de A'LF}$$

F étant le point de rencontre de la verticale AA' avec le plan des xy. Si nous prolongeons cette verticale d'une longueur FF' égale à ε, nous obtenons un triangle A'E'F' engendrant un volume dont le moment ne diffère du moment du volume A'LF que d'une quantité infiniment petite du second ordre; par suite,

$$\text{mom. de AB'EL} = \text{mom. de AEF} - \text{mom. de A'E'F'}.$$

Les volumes engendrés par AEF et A'E'F' étant égaux, la différence de leurs moments, par rapport au même plan horizontal, est égale au produit du poids de ce volume par la quantité ε dont on abaisse le centre de gravité. On a donc enfin

$$\text{mom. de AB'EL} = \varepsilon g\rho \text{ vol. AEF}$$

et, par suite,

$$T_p = - \varepsilon g\rho \text{ vol. EHGD} + \varepsilon g\rho \text{ vol. annulaire AEF}.$$

Si nous écrivons maintenant que la somme de ces divers travaux est nulle, nous obtenons

$$T_c + X\varepsilon + T_p = \frac{\theta_1}{2} 2\pi r\varepsilon \cos\alpha + X\varepsilon - \varepsilon g\rho (\text{vol. EHGD} - \text{vol. AEF}) = 0$$

d'où

$$X = -\frac{\theta_1}{2} 2\pi r \cos\alpha + g\rho (\text{vol. EHGD} - \text{vol. AEF}).$$

Telle est l'expression de la poussée subie par le corps flottant.

Si la surface libre du liquide était plane, la poussée aurait pour valeur

$$g\rho \times \text{vol. EHGD}.$$

On voit donc que, si α est aigu, comme dans le cas de la figure 63, les phénomènes capillaires ont pour effet de diminuer la poussée. Mais, si l'angle de raccordement φ est obtus, l'angle α est, en général, également obtus ; de plus, il est facile de s'assurer que le terme $g\rho$ vol. AEF doit être pris avec le signe + quand le point A est au-dessous du plan des xy. Par conséquent, les phénomènes capillaires peuvent avoir quelquefois pour effet d'augmenter la poussée et, par suite, de permettre l'équilibre d'un corps placé sur la surface d'un liquide moins dense.

65. Montrons-le pour un cylindre à génératrices verticales ABCD (*fig.* 64). Donnons à ce cylindre un déplacement vertical virtuel ne changeant pas la surface libre du liquide.

Le travail des forces capillaires se réduit à

$$\eta_1 \varepsilon l,$$

ε étant le déplacement, et l le périmètre de la section droite du cylindre. Le travail du poids P du cylindre est $P\varepsilon$. Celui de la pesanteur sur le liquide résulte de la suppression du cylindre ABA'B'; il est donc

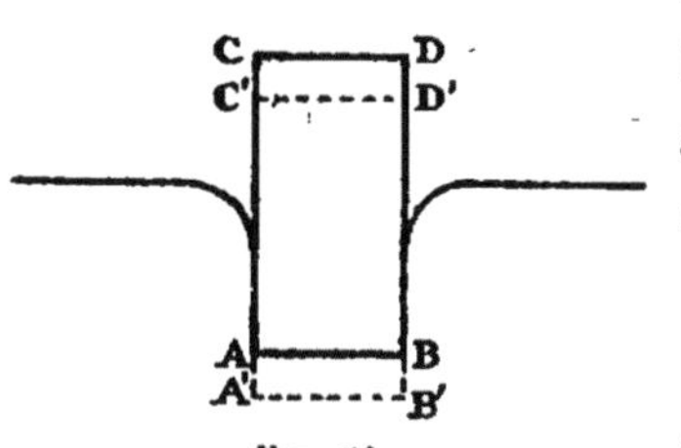

Fig. 64.

$$g\rho\Omega\varepsilon x$$

Ω désignant l'aire de la section droite du cylindre, et x l'ordonnée d'un point de la base AB. La condition d'équilibre est donc

$$P\varepsilon - g\rho\Omega\varepsilon x + \eta_1 \varepsilon l = 0,$$

d'où

$$P = g\rho\Omega x - \eta_1 l.$$

Mais η_1 est ici une quantité négative, car on a $\eta_1 = \frac{6_1}{2}$ $\cos\varphi$, où $\frac{6_1}{2}$ est la tension superficielle du liquide qui est une quantité essentiellement positive, et φ l'angle de raccordement, lequel, par hypothèse, est obtus. En appelant a la valeur absolue de η_1, il vient

$$P = g\rho\Omega x + al,$$

ou

$$g\rho_1\Omega h = g\rho\Omega x + al,$$

ρ_1 étant la densité du cylindre, et h sa hauteur, on en déduit

$$h = \frac{\rho}{\rho_1} x + \frac{a}{g\rho_1} \frac{l}{\Omega}.$$

Pour que le cylindre flotte, il faut que h soit plus grand que x. Cette condition n'est pas incompatible avec la précédente, même si $\rho_1 > \rho$, pourvu que le second terme $\frac{a}{g\rho_1} \frac{l}{\Omega}$ soit suffisamment grand. Un corps peut donc flotter à la surface d'un liquide moins dense, si l'angle de raccordement est obtus.

CHAPITRE VI

APPLICATIONS DE LA THERMODYNAMIQUE AUX PHÉNOMÈNES CAPILLAIRES

66. Le potentiel thermodynamique. — Dans tout ce qui précède, nous avons obtenu les conditions d'équilibre des fluides en écrivant que la somme de tous les travaux virtuels accomplis dans une déformation, à partir de l'état d'équilibre, est nulle; en d'autres termes, nous avons admis, avec Gauss, que le principe des vitesses virtuelles est applicable aux phénomènes capillaires.

La légitimité de cette application a été contestée par divers auteurs, et récemment encore par M. Duhem [1]. Le principe des vitesses virtuelles est en défaut dans les phénomènes où se produisent des changements d'état des corps considérés ; par exemple, dans les phénomènes de fusion et de vaporisation. Or, lorsqu'on déforme un liquide en équilibre en contact avec d'autres liquides ou des parois solides, certaines parties du liquide, primitivement au voisinage im-

[1] *Applications de la thermodynamique aux phénomènes capillaires.* « Annales de l'École normale supérieure, » 3e série, t. II, p. 207 ; 1885.

médiat des parois ou des autres liquides, se trouvent ensuite à une distance sensible des surfaces de contact. Leur densité a donc varié ; le liquide a subi, dans certaines de ses parties, un changement d'état. Il n'y a donc, *a priori*, aucune raison de supposer que le principe des vitesses virtuelles qui, en général, ne s'applique pas aux systèmes susceptibles d'éprouver des changements d'état, devient d'une application légitime dans les cas particuliers qu'étudie la théorie des phénomènes capillaires.

L'application des principes de la thermodynamique aux phénomènes capillaires, dont Lord Kelvin (sir W. Thomson), M. Moutier, M. Van der Mensbrugghe ont déjà déduit des conséquences intéressantes, peut se mettre sous une forme élégante par l'introduction de la fonction que M. Duhem appelle potentiel thermodynamique, et dont je vais rappeler la définition.

Soient U l'énergie interne d'un système, S son entropie, V son volume, T sa température, et P sa pression supposée uniforme, W la fonction des forces extérieures, et E l'équivalent mécanique de la calorie. La fonction

$$\Phi = E(U - TS) + PV + W \tag{1}$$

est ce que M. Duhem appelle le *potentiel thermodynamique* du corps système.

Dans une transformation infiniment petite à température constante, la variation de cette fonction est

$$d\Phi = E\,dU - ET\,dS + P\,dV + dW.$$

Mais le principe de l'équivalence nous fournit la relation

$$E\,dQ = E\,dU + P\,dV + dW,$$

dQ étant la chaleur fournie au corps, pendant la transformation ; par suite

$$d\Phi = E(dQ - T\,dS).$$

D'autre part, le théorème de Clausius nous apprend que, dans toute transformation irréversible, on a

$$dQ < T\,dS$$

et que, dans toute transformation réversible,

$$dQ = T\,dS.$$

Il résulte de là que toute transformation à température constante est accompagnée d'une variation négative du potentiel thermodynamique, cette variation devenant nulle dans le cas particulier où la transformation est réversible. Si donc, dans un certain état du système, le potentiel thermodynamique est minimum, aucune transformation à température constante ne pourra se produire à partir de cet état, puisque la variation de Φ serait alors positive. Par suite, l'état considéré est un état d'équilibre, et nous obtiendrons les conditions de l'équilibre en écrivant que le potentiel thermodynamique est minimum.

67. Cherchons l'expression de ce potentiel pour un système de solides et de liquides en contact.

Supposons d'abord que les corps sont homogènes. Soient M_1, M_2,... leurs masses ; σ_1, σ_2,... leurs volumes spécifiques respectifs ; u_1, u_2,... l'énergie interne rapportée à l'unité de volume ; s_1, s_2,... l'entropie rapportée à l'unité de volume. Nous avons alors pour le volume V du système

$$V = \sum M\sigma,$$

pour l'énergie interne

$$U = \sum Mu,$$

et pour l'entropie

$$S = \sum Ms.$$

Par conséquent, le potentiel thermodynamique du système a pour expression

$$\Phi = E\left(\sum Mu - T\sum Ms\right) + P\sum M\sigma + V.$$

Mais, par suite de la variation de la densité des liquides dans le voisinage immédiat des surfaces de contact, les systèmes que l'on considère en capillarité ne sont pas formés de corps homogènes, et l'expression précédente n'est qu'approchée. Montrons que, pour tenir compte de la variation de densité, il suffit d'ajouter des termes ne dépendant que des surfaces de contact.

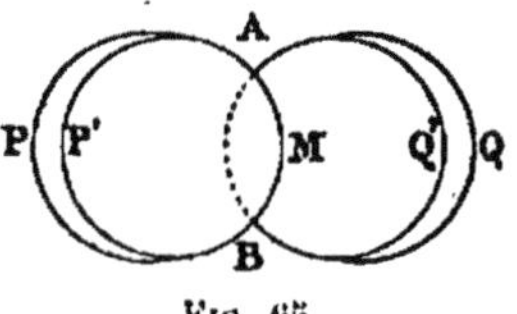

Fig. 65.

Soit AMB (*fig.* 65) la surface de contact de deux corps APB et AQB. Si nous transportons l'un de ces corps à l'infini, les forces capillaires accomplissent un travail; par suite, l'énergie interne V du système formé par les deux corps varie suivant le déplacement. Mais les forces capillaires, quelles que soient les hypothèses que l'on fasse sur leur nature, ne s'exercent qu'à des distances excessivement petites. Par conséquent, la variation de l'énergie interne résultant du transport à l'infini de l'un des deux corps AP'B, AQ'B, qui ont même surface de contact que les précédents, sera égale à celle de l'énergie du système des corps APB, AQB. En d'autres termes, cette variation ne dépend pas des volumes des corps considérés, pourvu que les surfaces des contacts soient les mêmes et que les autres surfaces limitant ces corps soient à des distances finies de celles-ci.

Supposons donc que les deux surfaces APB et AQB deviennent des surfaces AP_0B, AQ_0B (*fig.* 66) parallèles à AMB et distantes de celle-ci d'une longueur égale au rayon d'activité moléculaire. Dans ces conditions l'aire de la section du système par une surface P_0MQ_0 normale à la surface AMB est infiniment petite, et le travail résultant de la séparation du système en deux parties AP_0MQ_0, BP_0MQ_0 est infiniment petit. En transportant la portion AQ_0M de l'un des corps à l'infini, les forces capillaires accompliront un certain travail T_0; en transportant la portion BQ_0M du même corps à l'infini, le travail correspondant sera T'_0. Si, après cette opération, nous remettons au contact, d'une part, AP_0M, et BP_0M, et, d'autre part, AQ_0M et BQ_0M, le travail des forces capillaires est infiniment petit. Mais cette série d'opérations revient, en définitive, à transporter les corps AP_0B, AQ_0B à l'infini. Par conséquent, si on appelle T le travail correspondant on a, à des infiniment petits près,

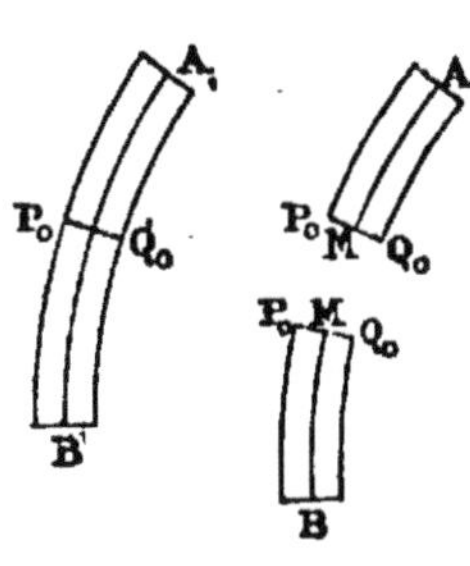

Fig. 66.

$$T = T_0 + T'_0.$$

Ce travail relatif à une surface de contact AMB est donc égal à la somme des travaux relatifs aux surfaces partielles suivant lesquelles on peut la décomposer; par suite, il est proportionnel à cette surface.

Il résulte immédiatement de là que l'énergie interne d'un système formé de deux corps en contact contient un terme proportionnel à cette surface de contact. Un raisonnement analogue montrerait que l'entropie contient également un terme du même genre. Par conséquent, le potentiel thermodynamique d'un système de corps en contact a pour expression générale

$$\Phi = E\left(\sum Mu - T\sum Ms\right) + \sum A\theta + P\sum M\sigma + W \quad (2)$$

θ désignant l'aire d'une quelconque des surfaces de contact, et A un coefficient dépendant de T, σ et même d'autres variables, telles que celles qui définissent l'état électrique du système.

68. Les conditions d'équilibre. — Comme nous l'avons dit, il suffit, pour les trouver, d'exprimer que Φ est minimum.

On doit donc avoir

$$d\Phi = 0$$

pour toute déformation virtuelle. Supposons cette déformation telle que σ reste constant. Mais T et σ ne variant pas, les fonctions u et s qui ne dépendent que de ces quantités resteront elles-mêmes invariables. D'autre part, la masse M de chacun des corps ne change pas. Par suite, l'équation d'équilibre se réduit à

$$d\Phi = \sum A\, d\theta + dW = 0.$$

Nous retrouvons ainsi l'équation à laquelle nous avaient conduit les hypothèses de Laplace et de Gauss. Le coefficient A, représenté par $\frac{\theta_1}{2}$ dans les théories mécaniques, doit encore être la tension superficielle de la surface de contact.

Ayant retrouvé l'équation fondamentale des phénomènes capillaires, il est évident que toutes les conséquences que nous avons déduites des théories moléculaires de Laplace et de Gauss subsistent dans la théorie thermodynamique de M. Duhem. A titre d'exercice, cherchons la différence des pressions des deux côtés de la surface de contact de deux fluides en équilibre.

Soient π_p et π_q ces pressions et affectons des indices p et q les quantités déjà introduites qui correspondent respectivement aux deux fluides. Déformons la surface de contact de façon que le volume de l'un des corps augmente de dv, et que le volume de l'autre diminue de la même quantité ; nous avons alors

$$dv = M_p\, d\sigma_p = -M_q\, d\sigma_q. \qquad (3)$$

Les volumes spécifiques variant, il en est de même de l'énergie interne et de l'entropie de chacun des corps. Si nous posons

$$\varphi_p = E(u_p - Ts_p) + P\, d\sigma_p$$

nous avons

$$d\varphi_p = E\,(du_p - T\, ds_p).$$

Mais, d'après le principe de l'équivalence, on a, en appelant

dq la quantité de chaleur fournie à l'unité de masse du corps p,

$$E\,dq = E\,du_p - \pi_p\,d\sigma_p,$$

en négligeant le travail de la pesanteur; par suite,

$$d\varphi_p = E\,(dq - T\,ds_p) + P\,d\sigma_p - \pi_p\,d\sigma_p.$$

Or, nous pouvons supposer que la déformation virtuelle du système est réversible. Dans ce cas,

$$dq = T\,ds_p,$$

et il vient

$$d\varphi_p = P\,d\sigma_p - \pi_p\,d\sigma_p,$$

ou, en remplaçant $d\sigma_p$ par sa valeur tirée de la première des égalités (3),

$$d\varphi_p = \frac{P - \pi_p}{M_p}\,dv.$$

Nous trouverons de même

$$d\varphi_q = -\frac{P - \pi_q}{M_q}\,dv,$$

et, par suite,

$$M_p\,d\varphi_p + M_q\,d\varphi_q = (\pi_q - \pi_p)\,dv.$$

Mais, d'après l'expression générale (2) du potentiel thermodynamique, et d'après les expressions qui définissent φ_p et φ_q, on a pour le potentiel thermodynamique du système formé par les corps p et q,

$$\Phi = M_p\varphi_p + M_q\varphi_q + \sum A\theta,$$

en négligeant la pesanteur. Par conséquent, la condition

d'équilibre $d\Phi = 0$ donne

$$(\pi_q - \pi_p)\, du + \sum \mathrm{A}\, d\theta = 0,$$

si toutefois on admet que A est constant, ce qui n'est pas tout à fait rigoureux, car ce coefficient dépend de σ et, par hypothèse, cette dernière quantité varie. En supposant, en outre, que la surface de contact θ_{pq} des deux corps p et q varie seule, il vient

$$(\pi_q - \pi_p)\, dv + \mathrm{A}\, d\theta_{pq} = 0.$$

Or, nous avons vu que la variation de la surface de contact de deux corps a pour valeur

$$d\theta = \left(\frac{1}{\mathrm{R}} + \frac{1}{\mathrm{R}'}\right)\int \lambda\, d\omega = \left(\frac{1}{\mathrm{R}_1} + \frac{1}{\mathrm{R}_2}\right) dv;$$

par suite

$$\pi_q - \pi_p = -\mathrm{A}\left(\frac{1}{\mathrm{R}_1} + \frac{1}{\mathrm{R}_2}\right).$$

C'est bien l'expression à laquelle nous étions arrivé par les théories moléculaires.

69. Influence de la courbure d'une surface liquide sur la valeur de la tension maximum de sa vapeur. — Considérons un vase clos V (*fig.* 67), contenant un liquide, et un autre vase large renfermant le même liquide. Faisons le vide dans V, et supposons que la température du système soit uniforme. Les tensions maxima des deux masses liquides sont alors égales. Si les deux niveaux AB et CD ne sont pas sur un même plan horizontal, la pression qui s'exerce sur ces surfaces n'a pas la même valeur; si elle est égale à la tension maximum pour la température du système sur la surface CD, elle est plus petite que cette tension sur la surface AB. Par conséquent, cette dernière surface émettra des vapeurs qui iront se condenser à la surface du liquide extérieur. Le niveau CD s'élèvera donc en même temps que le niveau AB s'abaissera, et il n'y aura équilibre du système

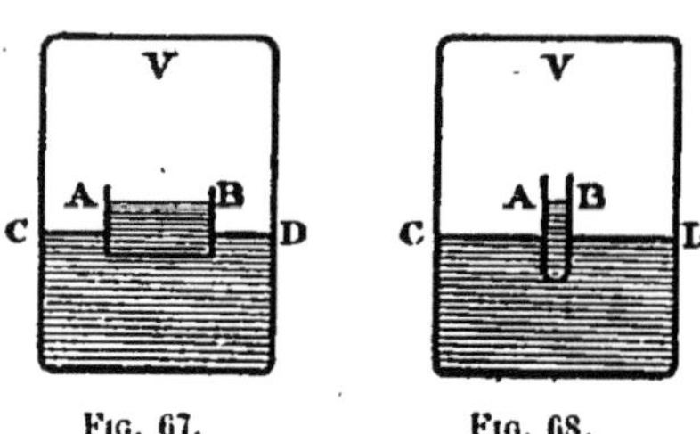

Fig. 67. Fig. 68.

que lorsque ces deux niveaux se trouveront sur un même plan horizontal.

La conclusion serait la même si nous avions supposé le niveau AB primitivement plus bas que le niveau CD.

Dans le cas où le vase intérieur est un tube capillaire (*fig.* 68), il y aura nécessairement encore un état d'équilibre, mais dans cet état les deux surfaces libres ne seront plus à la même hauteur. Lord Kelvin admet comme évident que ces deux surfaces seront les mêmes que si le vase capillaire communiquait avec l'autre. Et, en effet, s'il n'en était pas ainsi, quand on établirait la communication, l'équilibre atteint serait rompu, et il ne pourrait jamais être rétabli ; il se produirait une circulation continue du liquide qui s'évaporerait à l'une des surfaces, irait se condenser à l'autre et reviendrait à la première, à travers l'orifice de communication. Ce serait le mouvement perpétuel. Par conséquent, dans le cas où l'angle de raccordement du liquide et de la paroi du tube est aigu, la surface AB doit se trouver, dans l'état d'équilibre, plus élevée que la surface CD. Mais, lorsqu'il y a équilibre, la surface AB n'émet plus de vapeur ; la pression qui s'exerce sur elle est donc égale à la tension maximum du liquide. De même pour la surface CD. Or, la pression sur cette dernière surface est plus grande que sur AB ; par suite, la tension maximum à la surface AB est plus petite que la tension maximum sur la surface CD pour la même température. La différence de ces valeurs est proportionnelle à la courbure $\frac{1}{R_1} + \frac{1}{R_2}$ du ménisque, puisque la différence des pressions en AB et CD est proportionnelle à la distance verticale qui sépare ces surfaces.

Si nous avions supposé l'angle de raccordement obtus, le ménisque AB aurait été, dans l'état d'équilibre, plus bas que la surface CD. Nous aurions donc trouvé qu'à la surface d'un ménisque concave la tension maximum de la vapeur est plus grande que la tension maximum sur une surface plane, et que la différence de ces tensions est proportionnelle à la courbure.

70. Retard à l'ébullition. — Si l'on chauffe avec précaution un liquide privé de gaz, on peut le porter à une température supérieure à celle de son ébullition normale. Des considérations précédentes lord Kelvin a déduit une explication très simple de cette surchauffe.

Considérons une bulle de vapeur au moment de sa formation. Elle est alors très petite, et sa courbure est très grande ; par suite, la tension maximum de la vapeur à la surface de la bulle diffère notablement de la tension sur une surface plane, c'est-à-dire de la tension maximum normale. La bulle étant convexe du côté du liquide, la première de ces tensions est plus petite que la seconde. Par conséquent, à la température d'ébullition normale, la tension de la vapeur dans la bulle sera plus petite que la pression qu'exerce le liquide environnant, et la bulle ne peut se développer. Il n'y a donc pas ébullition.

Mais, si on introduit une bulle gazeuse à l'intérieur du liquide, la courbure de cette bulle est finie; par suite, la tension maximum de la vapeur à la surface de cette bulle diffère peu de la tension normale. Quand celle-ci deviendra égale à la pression de l'atmosphère gazeuse, en contact avec la surface libre du liquide, la tension de la vapeur dans la bulle sera encore un peu inférieure à la pression qu'exerce le liquide ambiant. Mais, pour une très légère augmentation de température, la différence de ces quantités changera de signe, la bulle de vapeur se développera et s'élèvera dans le liquide. Il n'y aura donc, dans ce cas, qu'un retard inappréciable dans le phénomène de l'ébullition.

Ces conclusions de lord Kelvin se retrouvent sous une forme analytique par la considération du potentiel thermodynamique. En effet, quand une bulle de vapeur se développe au sein d'un liquide, la surface de contact avec le liquide augmente. Pour une même variation dv du volume, la variation $d\theta$ de la surface est d'autant plus grande que le volume v est plus petit. Par conséquent, quand la bulle est encore excessivement petite, une augmentation de son volume produit une variation du terme $\Sigma A\theta$, très grande en comparaison des variations qu'éprouvent les autres termes de l'expression du potentiel thermodynamique, et c'est cette variation qui donne le signe de $d\Phi$. Puisque v augmente, $d\Phi$ est positif. Or, dans toute transformation possible, on doit avoir $d\Phi < 0$; par suite, l'augmentation du volume de la bulle ne peut se produire, et il doit y avoir retard à l'ébullition.

Cette application du potentiel thermodynamique à l'étude de la vaporisation est l'objet de longs développements dans le Mémoire de M. Duhem, que nous avons cité. Nous y renverrons le lecteur, ainsi que pour les applications aux phénomènes de surfusion.

TABLE DES MATIÈRES

CHAPITRE PREMIER

Théorie de Laplace

CHAPITRE II

Théories de Gauss et de Poisson

CHAPITRE III

Lames minces

CHAPITRE IV

Les expériences de Plateau

CHAPITRE V

Problèmes où la pesanteur intervient

CHAPITRE VI

Applications de la thermodynamique aux phénomènes capillaires

TOURS. — IMPRIMERIE DESLIS FRÈRES

GEORGES CARRÉ, Éditeur, 3, Rue Racine, PARIS

APPELL, membre de l'Institut. — **Leçons sur l'Attraction et la fonction potentielle**, rédigées par M. Charliat Broch. in-8	2	»
COLSON (R.), capitaine du génie. — **L'énergie et ses transformations** (Mécanique, Chaleur, Lumière, Chimie, Électricité, Magnétisme). 1 vol. in-8 écu	4	»
FOUSSEREAU, maître de conférences à la Faculté des Sciences de Paris. — **Polarisation rotatoire** (réflexion et réfraction vitreuses; réflexion métallique). 1 vol. in-8 raisin	12	»
JAMET (V.), professeur au Lycée de Marseille. — **Traité de mécanique** à l'usage des candidats à l'École polytechnique. 1 vol. in-8 raisin	5	»
LION G.). — **Traité élémentaire de cristallographie géométrique.** 1 vol. in-8 raisin	5	»
LIPPMANN, membre de l'Institut. — **Cours de Thermodynamique.** 1 vol. in-8 raisin	0	»
OSSIAN-BONNET, membre de l'Institut. — **Astronomie sphérique.** Premier fascicule. 1 vol. in-8	5	»
PELLAT (H.), maître de conférences à la Faculté des Sciences de Paris. — **Leçons sur l'Électricité** (Électrostatique, Pile, Électricité atmosphérique). 1 vol. in-8 raisin	12	»
POINCARÉ (H.), membre de l'Institut. — **Cours de physique mathématique :**		
1° *Théorie mathematique de la lumière.* 1 vol. in-8 raisin	16	50
2° *Électricité et Optique.* 2 vol. in-8 raisin	10	»
3° *Thermodynamique.* 1 vol. in-8 raisin	10	»
4° *Leçons sur la Théorie de l'Élasticité.* 1 vol. in-8 raisin	6	50
5° *Théorie mathematique de la lumière.* — II. Nouvelles Études sur la diffraction. Théorie de la dispersion de Helmholtz. 1 vol. in-8 raisin	10	»
6° *Théorie des Tourbillons.* 1 vol. in-8 raisin	6	»
7° *Les Oscillations électriques.* 1 vol. in-8 raisin	12	»
PUISEUX (P.), maître de conférences à la Faculté des Sciences de Paris. — **Leçons de Cinématique** (Mécanismes, Hydrostatique, Hydrodynamique). 1 vol. in-8 raisin	9	»
SOUCHON (Abel), membre adjoint du Bureau des Longitudes. — **Traité d'Astronomie théorique**, contenant l'exposition du calcul des perturbations planétaires et lunaires, et son application à l'explication et à la formation des tables astronomiques, avec une introduction historique et de nombreux exemples numériques. 1 vol. gr. in-8	16	»
VAN DER WAALS. — **La continuité des états gazeux et liquide.** Ouvrage traduit de l'allemand. 1 vol. in-8 raisin	6	»
VOYER (J.), capitaine du génie. — **Théorie élémentaire des courants alternatifs.** 1 vol. in-8 écu	2	»
WOLF (C.), membre de l'Institut. — **Astronomie et Géodésie.** 1 vol. in-8 raisin	10	»
ZENGER (Ch.-V.), professeur à l'École polytechnique de Prague. — **Le Système du monde électro-dynamique.** Broch. in-8 raisin	2	»

Tours. — Imp. Deslis Frères

www.ingramcontent.com/pod-product-compliance
Ingram Content Group UK Ltd.
Pitfield, Milton Keynes, MK11 3LW, UK
UKHW021052230726
13926UKWH00004B/1812

9 782016 132982